Einführung in die Mechanik

mit einfachen Beispielen aus der Flugtechnik

von

Dr. Theodor Pöschl
o. ö. Professor an der k. k. deutschen technischen Hochschule in Prag, dzt. Oberleutnant im k. u. k. Heere

Mit 102 Textabbildungen

Berlin
Verlag von Julius Springer
1917

ISBN-13: 978-3-642-90258-1 e-ISBN-13: 978-3-642-92115-5
DOI: 10.1007/978-3-642-92115-5

Vorwort.

Das vorliegende Büchlein gibt im wesentlichen die Vorträge über elementare Mechanik wieder, die ich in einem vom Kommando des k. u. k. Fliegerarsenals in Wien ins Leben gerufenen und zur Einführung von Offizieren in den technischen Dienst bestimmten Kurs gehalten habe; es sollte ursprünglich nur als Lehrbehelf zur Ergänzung der mündlichen Vorträge dienen und in kurzer und elementarer Darstellung die wichtigsten Grundlehren der Mechanik bringen, die für das Verständnis der sich daran anschließenden — gleichfalls elementaren — Vorträge über Festigkeitslehre und Flugtechnik im besonderen (Motorenkunde, Flugzeugstatik, Fluglehre usw.) unentbehrlich sind, dürfte aber auch über diesen Rahmen hinaus für ähnliche Zwecke willkommen sein. Der Absicht, nur ganz elementare Hilfsmittel zu verwenden und damit doch möglichste Strenge zu vereinigen, verdankt das Büchlein seine Entstehung und seine ganze Anlage. Von Zitaten ist vollständig abgesehen worden; sie würden den Lernenden von dem ersten Lehrziele vielleicht nur abziehen und dem Kenner doch nichts Neues sagen können.

Großes Gewicht ist auf die Durchführung der vorkommenden Zahlenrechnungen und auf Hervorhebung der Dimensionen der einzelnen Größen gelegt worden, Dinge, die dem Anfänger erfahrungsgemäß stets die größten Schwierigkeiten bereiten.

Für die Durchsicht der Handschrift sage ich auch hier Herrn Professor Kamillo Körner meinen verbindlichsten Dank.

Wien, am 15. Mai 1917.

Pöschl.

Inhaltsverzeichnis.

Berichtigungen:

In Abb. 12 und 13 lies w statt ω.
„ „ 21 ist beim Pfeil der Strecke AO der Buchstabe w einzusetzen.
„ „ 43 lies Maßstab 25 kg = 1 cm.

Einführung in die Mechanik.

1. Einleitung. Die Mechanik beschäftigt sich mit der Untersuchung und Beschreibung der Bewegung und des Gleichgewichtes der Körper.

Die Bewegung eines Körpers wird beschrieben durch Angabe der Lagen, die er im Laufe derselben einnimmt, und der Zeiten, zu denen er diese Lagen erreicht.

Wir müssen also zunächst die Begriffe kennen lernen, die man für diese Beschreibung braucht: d. s. Weg und Zeit und die daraus abgeleiteten: Geschwindigkeit und Beschleunigung; ferner auch die Begriffe zur Kennzeichnung der Umstände, die eine Bewegung bestimmen und die nach unserer Erfahrung auf eine Bewegung Einfluß haben. Wir kommen so auf den Begriff der Kraft, der als einer der wichtigsten Grundbegriffe der Mechanik anzusehen ist.

Ein wichtiger Sonderfall der Bewegung ist der des Gleichgewichtes; mit ihm werden wir uns besonders eingehend zu beschäftigen haben. Der Teil der Mechanik, der sich mit der Frage des Zusammenwirkens (Zusammensetzung und Zerlegung) der Kräfte und mit dem Gleichgewicht der Kräfte beschäftigt, heißt Statik. Im Gleichgewicht befindet sich z. B· ein Flugzeug, das sich geradlinig mit gleichbleibender Geschwindigkeit bewegt.

Als weitere Begriffe, die wir insbesondere für die Anwendungen brauchen, sind zu nennen: Arbeit und Leistung; mit ihnen werden wir uns in der Dynamik beschäftigen. Dieser Zweig der Mechanik betrachtet die Bewegung der Körper unter dem Einfluß der auf sie einwirkenden Kräfte.

Bei der Betrachtung der Bewegung der Körper genügt es zunächst vorauszusetzen, daß sie dabei ihre Form nicht ändern, man spricht dann von festen oder starren Körpern.

Alle Fragen, die sich mit der Berechnung der Tragkonstruktionen und mit der Ermittelung von deren Abmessungen beschäftigen, werden in der Festigkeitslehre behandelt. Es muß dabei die Annahme der Starrheit fallen gelassen und berücksichtigt werden, daß die Körper unter den Belastungen nachgeben, und es ist vorzusorgen, daß diese Nachgiebigkeit ein bestimmtes zulässiges Maß nicht überschreitet.

Mit der Untersuchung der Bewegung und des Gleichgewichtes von Wasser und anderen Flüssigkeiten oder Luft und anderen Gasen befaßt sich die Mechanik der flüssigen bzw. der gasförmigen Körper.

2. Gliederung des Stoffes. Die vorliegende Einführung behandelt nur die sog. starre Mechanik, d. i. also die Mechanik der festen oder starren Körper, und zwar nach folgender Gliederung:

A. Bewegungslehre.

B. Statik, d. i. die Lehre von der Zusammensetzung der Kräfte mit dem wichtigen Sonderfall des Gleichgewichtes.

C. Dynamik.

A. Bewegungslehre.

3. Allgemeines. Bewegung ist Ortsveränderung. Wir beginnen damit, die einfachsten Fälle solcher Ortsveränderungen, die uns die Natur bietet und die in der Technik vorkommen, zu betrachten; es sind dies: die gleichförmige Bewegung, die gleichförmige Drehbewegung, die gleichmäßig beschleunigte (z. B. der „freie Fall“ im luftleeren Raum) und die gleichmäßig verzögerte Bewegung (z. B. der „Wurf nach aufwärts“).

Um die stoffliche Beschaffenheit des Bewegten wollen wir uns vorerst gar nicht kümmern; das „Bewegliche“ sei also irgend ein beliebiger Körper.

Nach der Beschaffenheit der Bahnen unterscheidet man geradlinige und krummlinige Bewegungen.

Bei gewissen einfachen Bewegungen der Körper durchlaufen alle Punkte kongruente Bahnen; kennt man dann die Bewegung eines Punktes, so sind damit auch die Bewegungen aller übrigen Punkte gegeben, wobei der Körper eine ganz beliebige Gestalt haben kann; so wird z. B. die Bewegung eines Flugzeuges in gerader Bahn durch Angabe der Bewegung eines Punktes vollständig gekennzeichnet sein. Dies trifft immer dann zu, wenn keine Drehungen vorkommen, wenn also der Körper, wie man etwa sagen kann, zu sich selbst parallel bleibt. Solche Bewegungen nennt man Translationen.

I. Gleichförmige Bewegung.

Die einfachste Bewegung, die wir uns vorstellen können, ist offenbar die, bei der während ihres ganzen Verlaufes in gleichen Zeiten gleiche Wege stets in derselben geraden Linie zurückgelegt werden; man nennt sie die gleichförmige Bewegung.

4. Geschwindigkeit. Um ein Maß darüber zu erhalten, wie schnell sich der Körper in der geraden Linie fortbewegt, und damit diese Aussage in eine festere Form zu fassen, betrachten wir die Wege, die in aufeinanderfallenden Sekunden (abgekürzt sek, ferner min für Minute, Stde für Stunde) zurückgelegt werden und sagen, bei einer gleichförmigen Bewegung

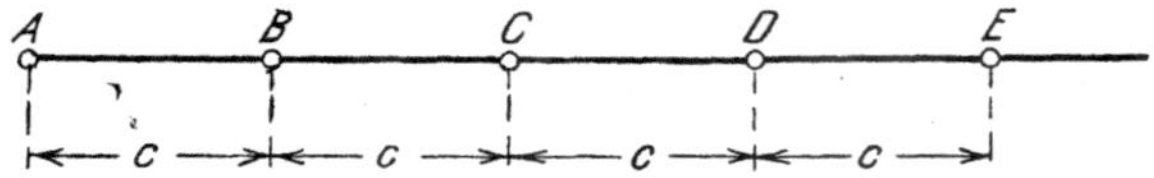

Abb. 1.

legt der Körper in jeder Sekunde den gleichen Weg zurück. In Abb. 1 seien z. B. $AB = BC = CD = \ldots = c$ die in aufeinanderfolgenden Sekunden durchlaufenen Wege. Die Wege wollen wir dabei (wie jede Länge) in Metern (abgekürzt m) oder in Kilometern (abgekürzt km, 1 km = 1000 m) messen. Je größer dieser in jeder Sekunde zurückgelegte Weg ist, um so schneller bewegt sich der Körper.

Diesen in einer Sekunde zurückgelegten Weg nennt man die Geschwindigkeit der gleichförmigen Bewegung; wir bezeichnen sie mit c. Die Geschwindigkeit gibt uns also eine Verknüpfung des Weges und der Zeit, die zu dessen Durchlaufen nötig ist. Da c der Weg in der Zeiteinheit, also in 1 sek ist, so ist der Weg nach 2 sek gleich $2c$, nach t sek ist er gleich tc.

Bezeichnen wir diesen Weg nach t sek mit s, so können wir schreiben:

$$s = c \cdot t \quad \ldots \ldots \ldots \quad (1)$$

und sagen: Der Weg nach t sek ist gleich dem Produkte aus Geschwindigkeit c und dieser Zeit. Offenbar gilt diese Beziehung auch dann, wenn t keine ganze Anzahl von Sekunden beträgt, also auch z. B. für $t = 2{,}42$ sek. Den Weg s messen wir, wie gesagt, in m, die Zeit t in sek; man sagt, die Dimension von s ist die einer Länge und von t die einer Zeit.

5. Dimension. Wenn es sich nur um die Festsetzung der Dimension der eingeführten Größen ohne Rücksicht auf den besonderen Zahlenwert handelt, so wollen wir diese in eckige Klammern einschließen und schreiben also:

$$[s] = [\text{Länge}] = [\text{m}]$$
$$[t] = [\text{Zeit}] \quad = [\text{sek}],$$

was nichts anderes ausdrücken soll, als daß eben s eine Länge und t eine Zeit bedeutet.

Bei vielen Größen, die in der Technik auftreten, ist wie schon bei diesen einfachsten zu beachten, daß sie nicht durch einen reinen Zahlenwert angegeben werden können, sondern daß diesem Zahlenwert stets die betreffende Dimension beigefügt werden muß.

Im Laufe unserer Betrachtungen werden wir aber auch Größen begegnen, die reine Zahlen sind, also keine Dimension haben; man nennt sie dimensionslose Größen oder Beiwerte, auch Ziffern. Hierzu gehören z. B. der „Beiwert“ in der Formel für den Luftwiderstand, die sog. Reibungsziffer, u. a. m.

Welche Dimension hat nun die Geschwindigkeit?

Um diese Frage zu beantworten, lösen wir die Gleichung (1) nach c auf und schreiben:

$$c = \frac{s}{t}, \quad \ldots \ldots \ldots \quad (2)$$

und wir werden als Geschwindigkeit den Quotienten von Weg und Zeit erhalten, daher wird auch die Dimension der Geschwindigkeit „Weg : Zeit“ sein, also in unseren obigen „Einheiten“:

$$[c] = [\text{Geschwindigkeit}] = \frac{[\text{Länge}]}{[\text{Zeit}]} = \frac{[\text{m}]}{[\text{sek}]},$$

wofür wir auch kürzer schreiben: m/sek.

Es ergibt sich offenbar: $c = 1$ m/sek, wenn $s = 1$ m und die dazugehörige Zeit $t = 1$ sek ist; in diesem Falle erhalten wir also die Geschwindigkeitseinheit. Ein Körper, der die Strecke von 1 m in 1 sek durchläuft, hat also die Geschwindigkeit 1 m/sek.

Es möge hier darauf hingewiesen werden, daß die Dimensionsbetrachtungen bei allen technischen Rechnungsansätzen als Kontrollen verwendet werden.

6. Maßsysteme. Man sieht, daß die Geschwindigkeit schon durch die für Weg und Zeit gewählten Einheiten gemessen werden kann; die Wahl einer neuen, von jenen unabhängigen, Einheit ist unnötig und wäre gänzlich unbegründet. Eine ähnliche Sachlage werden wir in vielen anderen Fällen wiederfinden; in der Physik wird gezeigt, daß alle dort überhaupt vorkommenden Größen durch „drei Grundeinheiten“ ausgedrückt und von diesen abgeleitet werden können. Zwei von diesen drei Grundeinheiten sind in allen Fällen die oben festgelegten für Länge und Zeit, entsprechend dem Umstande, daß Raum und Zeit die Grundformen unserer ganzen wissenschaftlichen Erkenntnis der Naturerscheinungen sind.

Die fehlende dritte Grundeinheit wird eine solche sein, die für den Körper in irgendeiner Weise kennzeichnend ist; später werden wir begründen, daß als diese dritte Grundeinheit entweder die für die Kraft oder die für die Masse angenommen wird.

In der Technik ist es üblich, die Einheit für die Kraft als dritte Grundeinheit zu wählen; das Maßsystem, das auf den Einheiten für Länge, Zeit und Kraft aufgebaut ist, heißt das technische Maßsystem.

(In der Physik wird vielfach das „physikalische“ oder „absolute Maßsystem“ verwendet, bei dem die Einheiten für Länge, Zeit und Masse zugrunde gelegt werden, aus denen gleichfalls alle anderen abgeleitet werden können.)

7. Zeichnerische (graphische) Darstellung. Zur übersichtlichen Darstellung des Zusammenhanges zweier Größen werden in allen Zweigen der Technik sog. Schaulinien (Diagramme) verwendet, d. s. geometrische Bilder der durch die auftretenden Gleichungen festgelegten Beziehungen. Aber auch wenn sich die Beziehungen rechnerisch gar nicht oder nur in umständlicher Form verfolgen lassen, erweisen sich solche graphische Bilder oft als außerordentlich vorteilhaft. Wir werden derartigen Darstellungen oft begegnen.

Für die gleichförmige Bewegung wächst der Weg s nach Gl. (1) proportional mit der Zeit t. Wenn man längs einer Achse eines Achsenkreuzes (Abb. 2) die Zeiten t und nach der zweiten die Wege s (in vorgewählten Maßstäben) aufträgt, so wird der Zusammenhang dieser beiden Größen durch eine Gerade gegeben, die durch den Ursprung O hindurchläuft; man nennt sie die Weg-Zeit-Linie.

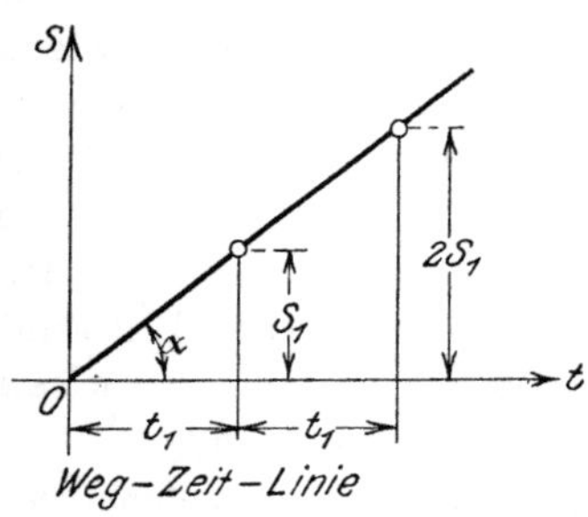

Abb. 2.

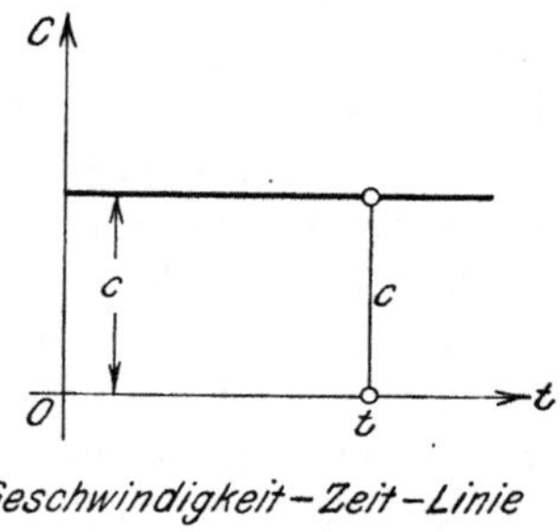

Abb. 3.

Die Tangente des Neigungswinkels α dieser Linie gegen die x-Achse ist ein Maß für die Geschwindigkeit c, denn es ist

$$\operatorname{tg} \alpha = \frac{s_1}{t_1} = \frac{2\,s_1}{2\,t_1} = \ldots = c.$$

Die Geschwindigkeiten-Zeit-Linie soll ebenso die Abhängigkeit der Größe c von t zur Darstellung bringen; da c für die gleichförmige Bewegung unveränderlich ist, so wird die gesuchte Linie eine zur t-Achse parallele Gerade sein, Abb. 3; für alle t muß sich das gleiche c ergeben.

8. Bewegungsaufgaben für die gleichförmige Bewegung. Sind zwei von den drei Größen s, c und t gegeben, so kann die dritte berechnet werden; der Zusammenhang ist durch die Gl. (1) festgelegt. Wir erhalten folgende drei Arten von Aufgaben:

a) Gegeben: c, t, gesucht ist s. Die Lösung ist durch Gl. (1) gegeben.

Beispiel 1: Ein Flugzeug besitzt die Geschwindigkeit $c = 48$ m/sek, welche Strecke legt es in 1 Stunde zurück?

Da der Weg in 1 sek 48 m ist, so ist der nach der Zeit $t = 1$ Stde $= 3600$ sek zurückgelegte Weg

$$s = c \cdot t = 48 \cdot 3600 = 172\,800 \text{ m} = 172{,}8 \text{ km}.$$

b) Gegeben: s, t, gesucht ist c. Die Lösung gibt Gl. (2).

Beispiel 2: Ein Flugzeug legt eine Strecke von 2824 m in 1 min 25 sek = 85 sek zurück; wie groß ist die Geschwindigkeit?

Aus Gl. (2) folgt sogleich

$$c = \frac{s}{t} = \frac{2824}{85} = 33{,}2 \text{ m/sek}.$$

Tatsächlich wird die Geschwindigkeit eines Flugzeuges (bei Windstille) einfach dadurch bestimmt, daß eine Strecke von bestimmter Länge (Stoppstrecke) in unveränderlicher Höhe überflogen und die hierfür erforderliche Zeit „abgestoppt“ wird.

In der Flugtechnik wird meist nicht die Geschwindigkeit c in m/sek, sondern es wird die Zahl der Kilometer angegeben, die in der Stunde durchflogen werden; diese letztere Geschwindigkeit wollen wir mit C km/Stde bezeichnen.

Die Beziehung zwischen C und c erhalten wir, wenn wir aus c, d. i. der Weg in 1 sek, ähnlich wie in Beispiel 1, den Weg in 1 Stde = 3600 sek berechnen. Der Weg in 1 Stde ist

$$3600 \cdot c \text{ m} = \frac{3600}{1000} c \text{ km} = 3{,}6 \cdot c \text{ km},$$

d. h.

$$C \text{ km/Stde} = 3{,}6 \cdot c \quad (c \text{ in m/sek!}) \quad \ldots \quad (3)$$

Beispiel 3: Die Geschwindigkeit eines Flugzeuges ist 45 m/sek, wie groß ist die Geschwindigkeit in km/Stde?

Nach Gl. (3) ist, da $c = 45$ m/sek:

$$C = 3{,}6 \cdot 45 = 162 \text{ km/Stde}.$$

Beispiel 4: Wie groß ist die Geschwindigkeit eines Flugzeuges in m/sek, das in 1 Stde 200 km durchfliegt? Das Ergebnis folgt durch Auflösung von Gl. (3):

$$c = \frac{C}{3,6} = \frac{200}{3,6} = 55,5 \text{ m/sek.}$$

c) Gegeben: s, c, gesucht ist t. Die gesuchte Zeit rechnet sich einfach durch Auflösung von Gl. (1) nach t:

$$t = \frac{s}{c} \quad \dots\dots\dots\dots \quad (4)$$

Beispiel 5: Ein Kraftwagen besitzt eine Geschwindigkeit von 60 km/Stde; wie lange braucht er, um eine Strecke von 200 km zurückzulegen? Die gesuchte Zeit ist

$$t = \frac{200}{60} \text{ Stdn} = 3,33 \text{ Stdn} = 3 \text{ Stdn } 20 \text{ min.}$$

Alle diese, wie auch die folgenden Zahlenrechnungen können mit dem Rechenschieber mit hinreichender Genauigkeit ausgeführt werden.

9. Einige vorkommende Geschwindigkeiten.

Bezeichnung	c m/sek	C km/Stde
Schwacher Wind	1,0	
Frischer Wind	2,0	
Brise	10—12	
Sturm	25—30	
Orkan	über 40	
Infanterie im Marsch	1,4	5
Infanteriegeschoß	um 620	
Schnellzug	22—28	80—100
Flugzeuge	42—56	150—200
Schall in der Luft	333	
Licht und Elektrizität	300 Millionen	

II. Gleichförmige Drehbewegung.

10. Geschwindigkeit, Drehzahl. Wenn ein Körper sich um eine feste Gerade (Achse) so dreht, daß jeder Punkt in gleichen Zeiten gleiche Winkel durchläuft, so sprechen wir von einer gleichförmigen Drehbewegung. Jeder Punkt des Körpers durchläuft dann eine kreisförmige Bahn, deren Mittelpunkt in der Achse liegt. In Abb. 4 ist ein solcher Kreis in der Draufsicht gezeichnet, der Punkt, der ihn beschreibt, sei A, der Mittelpunkt des Kreises O und ferner sei $OA = r$, in m ausgedrückt.

Die Länge des in der Zeiteinheit durchlaufenen Weges bezeichnen wir als die Umfangsgeschwindigkeit oder kurz als die Geschwindigkeit v des Punktes A; sie wird wieder in m/sek ausgedrückt.

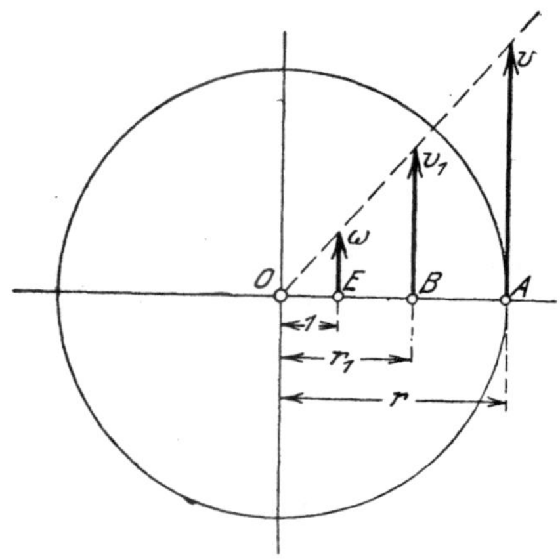

Abb. 4.

Die Anzahl der Umdrehungen, die der betreffende Körper in 1 min ausführt, die Drehzahl, wollen wir stets mit n bezeichnen. Zum Beispiel sagt man kurz, die Drehzahl eines Flugmotors ist 1400.

Zwischen den Größen v, r und n besteht eine wichtige Beziehung, die wir sogleich aufstellen wollen. Es ist

der Weg bei einer Umdrehung $= 2 r\pi$,

daher der Weg in 1 min, d. i.

bei n Umdrehungen . . . . . $= 2 r\pi \cdot n$,

folglich der Weg in 1 sek . . $= \frac{2 r\pi n}{60}$;

dies ist aber nichts anderes als die Geschwindigkeit v, daher ist

$$v = \frac{2 r\pi n}{60} = \frac{r\pi n}{30} \quad \ldots \ldots \ldots \quad (5)$$

Bezeichnen wir den Durchmesser des Kreises mit d, also $d = 2r$, so können wir Gl. (5) auch schreiben

$$v = \frac{d\pi n}{60} \quad \ldots \ldots \ldots \ldots \quad (6)$$

Beispiel 6: Wie groß ist die Umfangsgeschwindigkeit einer Luftschraube von $d = 280$ cm Durchmesser bei Drehzahl 1400?

Aus (6) folgt:

$$v = \frac{2{,}8 \cdot \pi \cdot 1400}{60} = 205{,}2 \text{ m/sek.}$$

Ist v und r gegeben, so kann man umgekehrt n durch Auflösung von (5) berechnen; es ergibt sich:

$$n = \frac{30\,v}{r\pi} \quad \ldots\ldots\ldots\ldots \quad (7)$$

11. Darstellung der Geschwindigkeit durch eine Strecke. Zur anschaulichen Darstellung der Geschwindigkeit des Punktes A zeichnen wir, wie Abb. 4 zeigt, berührend an den Kreis eine Strecke Av, deren Größe der Geschwindigkeit v des Punktes A proportional ist.

Bei der Drehbewegung schreitet jeder Punkt A längs des Kreises vorwärts, man sagt, die augenblickliche Bewegungsrichtung ist die Richtung der Tangente an den Kreis; wie bei jeder krummlinigen Bewegung ändert sich natürlich diese Richtung in jedem Augenblicke.

Die Strecke, die die Geschwindigkeit des Punktes A darstellt, Av, wird also in der Bewegungsrichtung des Punktes aufgetragen.

Man beachte, daß v in m/sek angegeben wird; will man also z. B. die Geschwindigkeit von 200 m/sek auftragen, so muß man einen Maßstab wählen, was willkürlich geschehen kann, z. B. 100 m/sek Geschwindigkeit = 2 cm der Zeichnung, dann wird man die 200 m/sek entsprechende Strecke gleich 4 cm lang zu machen haben.

Bei der geradlinigen gleichförmigen Bewegung ist es offenbar auf ganz dieselbe Weise möglich und oft sehr vorteilhaft, die Geschwindigkeit c durch eine Strecke darzustellen, die ihre Richtung natürlich nicht ändert. Insbesondere bei der Frage der Zusammensetzung von Bewegungen (Punkt 24 ff.), auf die wir gelegentlich der Bestimmung der Eigengeschwindigkeit eines Flugzeuges bei Vorhandensein von Wind einzugehen haben, wird sich dies als außerordentlich nützlich erweisen.

12. Winkelgeschwindigkeit. Die Geschwindigkeit eines im Abstande 1 m von der Achse O befindlichen Punktes E, $OE = 1$ m, nennt man die Winkelgeschwindigkeit der Drehbewegung, ω. Die Winkelgeschwindigkeit ist die Länge des von einem Punkte im Abstande 1 m von der Drehachse in 1 sek durchlaufenen Bogens.

Setzt man in Gl. (5) $r = 1$, so folgt:

$$\omega = \frac{\pi n}{30} \quad . \; . \; . \; . \; . \; . \; . \; . \; . \quad (8)$$

Die Geschwindigkeit v des Punktes A ist sodann

$$v = r \cdot \omega, \quad . \; . \; . \; . \; . \; . \; . \; . \quad (9)$$

d. h. gleich dem Produkte aus seinem Abstand von der Achse und der Winkelgeschwindigkeit.

Die Winkelgeschwindigkeit ω folgt aus (9) mit

$$\omega = \frac{v}{r}, \quad . \; . \; . \; . \; . \; . \; . \; . \; . \quad (10)$$

also dadurch, daß man die Geschwindigkeit v durch den Abstand r (eine Länge!) dividiert; daraus folgt, daß die Dimension von ω und auch von n 1/Zeit sein wird. Tatsächlich sagen wir ja auch: n ist die Anzahl der Drehungen in 1 min und ω der in 1 sek durchlaufene Kreisbogen vom Halbmesser 1.

Beispiel 7: Besitzt der Körper die Drehzahl $n = 60$, macht er also in 1 sek gerade eine Umdrehung, so folgt aus (7)

$$\omega = 2\pi,$$

d. h. der in der sek zurückgelegte Weg ist gleich dem Umfang des Kreises vom Radius 1. — Wann hat ein Körper die Winkelgeschwindigkeit $\omega = 1$?

Beispiel 8: Ein Schwungrad hat die Drehzahl $n = 200$ und den Durchmesser 3,5 m; wie groß ist die Umfangsgeschwindigkeit v und die Winkelgeschwindigkeit ω?

Aus (6) folgt

$$v = \frac{3{,}5 \cdot \pi \cdot 200}{60} = 36{,}6 \text{ m/sek}$$

und aus (8):

$$\omega = \frac{\pi \cdot 200}{30} = \frac{36{,}6}{1{,}75} = 20{,}9 \text{ 1/sek.}$$

Natürlich ist $v = r\omega$.

Beispiel 9: Mit welcher Drehzahl muß eine schmiedeeiserne Welle von $d = 80$ mm Durchmesser gedreht werden, damit die Geschwindigkeit des Werkzeuges 200 mm/sek betrage?

Aus Gl. (7) folgt sogleich

$$n = \frac{30\,v}{r\pi} = \frac{30 \cdot 0{,}2}{\pi \cdot 0{,}04} = 48 \text{ (in 1 min)}.$$

Die Geschwindigkeit v des Punktes A ist um so größer, je größer r ist. Betrachtet man außer A noch einen Punkt B, $OB = r_1$, desselben Körpers, und bezeichnet seine Geschwindigkeit mit v_1, so ist

$$v = \frac{r\pi n}{30}, \qquad v_1 = \frac{r_1 \cdot \pi n}{30},$$

daher

$$\frac{v}{v_1} = \frac{r}{r_1}, \quad \ldots \ldots \ldots \quad (11)$$

d. h. die Geschwindigkeiten zweier Punkte A und B des sich mit der Drehzahl n drehenden Körpers verhalten sich wie die Abstände von der Achse.

Trägt man die Geschwindigkeit v_1 des Punktes B, der mit A auf demselben Halbmesser liegen möge, ebenfalls in seiner Bewegungsrichtung, d. h. senkrecht zum Radius auf, so liegen die Endpunkte in einer Geraden durch O, Abb. 4.

13. Anwendung auf den Riemen- und Seiltrieb. Der Riemen- oder Seiltrieb (Abb. 5) dient dazu, mechanische Arbeit

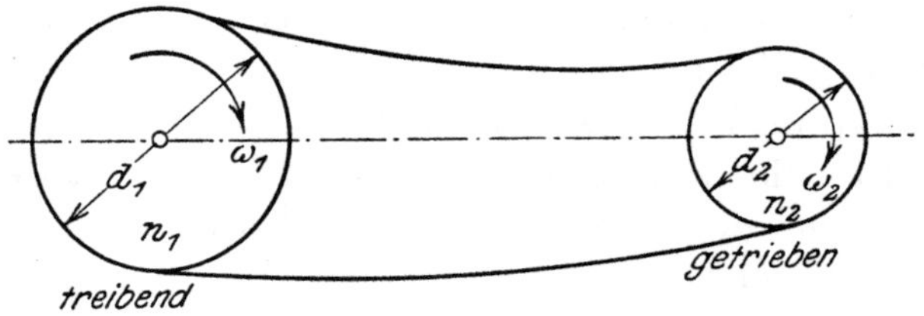

Abb. 5.

von einer Welle auf eine andere zu übertragen. Ein solcher Trieb wird in der Weise ausgeführt, daß auf die beiden Wellen je eine Scheibe fest aufgesetzt wird; um diese wird ein Riemen oder ein Seil unter entsprechender Spannung herumgelegt. Eine Scheibe ist die treibende, die andere die getriebene.

Bei der Bewegung eines solchen Triebes wird sich der Riemen weder stauen, noch darf seine Länge wesentlich zunehmen. Mechanisch drückt sich dies dadurch aus, daß die Geschwindigkeit für alle Punkte des Riemens oder Seiles dieselbe sein muß; d. h. die Umfangsgeschwindigkeiten v beider Scheiben sind gleich groß. Bezeichnen wir die Durchmesser der beiden Scheiben mit $d_1 = 2\,r_1$ und $d_2 = 2\,r_2$ und die Drehzahlen mit n_1 und n_2, so erhalten wir nach Gl. (6)

$$v = \frac{d_1 \pi n_1}{60} = \frac{d_2 \pi n_2}{60},$$

d. h.

$$d_1 n_1 = d_2 n_2$$

oder

$$\frac{n_1}{n_2} = \frac{d_2}{d_1} = \frac{r_2}{r_1} \quad \ldots\ldots \quad (12)$$

Die Drehzahlen verhalten sich also umgekehrt wie die Durchmesser (oder Halbmesser) der Scheiben.

Sind ω_1 und ω_2 die Winkelgeschwindigkeiten der beiden Scheiben, also nach Gl. (8)

$$\omega_1 = \frac{\pi n_1}{30}, \quad \omega_2 = \frac{\pi n_2}{30},$$

so gilt auch

$$\frac{\omega_1}{\omega_2} = \frac{n_1}{n_2} = \frac{d_2}{d_1} = \frac{r_2}{r_1} \quad \ldots\ldots \quad (13)$$

Die Winkelgeschwindigkeiten verhalten sich wie die Drehzahlen der Scheiben.

14. Übersetzungsverhältnis. Darunter versteht man das Verhältnis der Drehzahl der getriebenen zur Drehzahl der treibenden Scheibe; wir bezeichnen es mit φ; also ist

$$\varphi = \frac{\text{Drehzahl der getriebenen Scheibe}}{\text{Drehzahl der treibenden Scheibe}},$$

d. h. nach (13)

$$\varphi = \frac{n_2}{n_1} = \frac{\omega_2}{\omega_1} = \frac{d_1}{d_2} = \frac{r_1}{r_2}, \quad \ldots\ldots \quad (14)$$

d. h. es ist

$$\varphi = \frac{\text{Durchmesser der treibenden Scheibe}}{\text{Durchmesser der getriebenen Scheibe}}.$$

a) Ist n_2 größer (Zeichen $>$) als n_1, so spricht man von einer Übersetzung ins Rasche; für sie gilt

$$\varphi > 1, \quad n_2 > n_1, \quad d_1 > d_2, \quad . \quad . \quad . \quad (15)$$

d. h. bei einer Übersetzung ins Rasche ist die treibende Scheibe größer als die getriebene.

b) Wenn nun umgekehrt n_2 kleiner (Zeichen $<$) als n_1, so spricht man von einer Übersetzung ins Langsame; es ist

$$\varphi < 1, \quad n_2 < n_1, \quad d_1 < d_2, \quad . \quad . \quad . \quad (16)$$

d. h. bei einer Übersetzung ins Langsame ist die treibende Scheibe kleiner als die getriebene.

15. Reibungs- und Zahnräder. Ganz ähnliche Beziehungen wie für den Seiltrieb gelten auch für die Reibungs- und Zahnräder (Abb. 6 u. 7), die ebenfalls den Zweck haben, Bewegung von einer Achse auf eine andere zu übertragen.

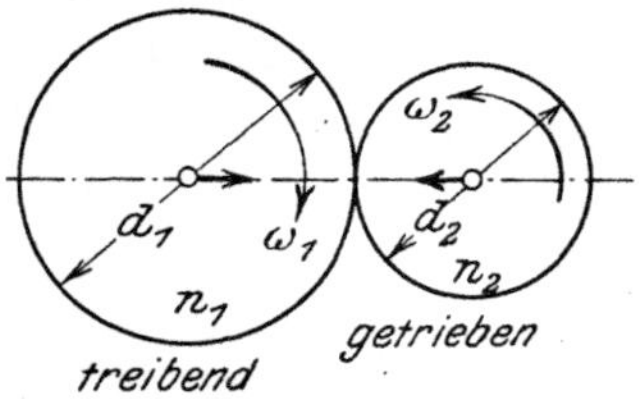

Abb. 6.

Bei den Reibungsrädern ist es die am Umfang der Räder wirkende Reibungskraft, die das Mitnehmen des getriebenen Rades durch das treibende besorgt; um die Reibung zu erzeugen, werden die beiden Räder durch Druck auf ihre Achsen aneinandergepreßt, und um eine möglichst große Reibung zu erhalten, werden manchmal die Umfänge der beiden Räder mit rauhen Materialien (Leder u. dgl.) überzogen.

Auch hier folgt die Beziehung der Drehzahlen zu den Durchmessern durch Gleichsetzen der Umfangsgeschwindigkeiten der beiden Räder; soll eine sichere Bewegungsübertragung erzielt werden, so muß ja ein Gleiten der Radumfänge gegeneinander ausgeschlossen sein.

Bei den Zahnrädern wird diese Übertragung der Bewegung dadurch erzwungen, daß die beiden Räder mit Zähnen ausgerüstet werden, die ineinander eingreifen. Die Formgebung der Zähne wird nach bestimmten Methoden durchgeführt, der Eingriff erfolgt derart, daß die Teilkreise (Abb. 7), auf die die Zähne aufgebaut werden, gleichförmig aufeinander abrollen. Die Bezeichnungen „Kopfkreis" und „Fußkreis" sind aus der Abbildung unmittelbar verständlich.

Durch Gleichsetzen der Umfangsgeschwindigkeit folgt (wie beim Riementrieb)

$$v = \frac{d_1 \pi n_1}{60} = \frac{d_2 \pi n_2}{60},$$

also das Übersetzungsverhältnis:

$$\varphi = \frac{n_2}{n_1} = \frac{d_1}{d_2} = \frac{r_1}{r_2} \quad . \quad . \quad . \quad . \quad . \quad (17)$$

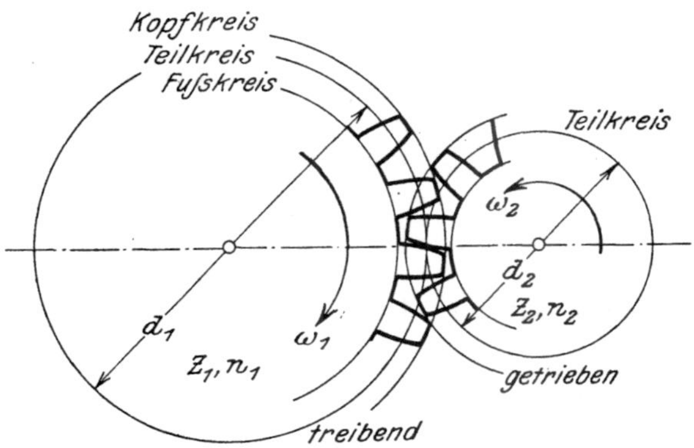

Abb. 7.

Bei den Zahnrädern kann dieses Übersetzungsverhältnis außer durch die Drehzahlen und Durchmesser auch noch durch die Zähnezahlen ausgedrückt werden.

Man nennt die Entfernung zweier benachbarter Zähne, auf den Teilkreisen gemessen, die Teilung t; sie ist für jedes Paar ineinandergreifender Zahnräder gleich groß. Bezeichnen wir nun mit z_1 die Zähnezahl des treibenden, mit z_2 die des getriebenen Rades; beim treibenden Rad liegen am Umfang z_1 Zähne, je 2 von ihnen sind um t voneinander entfernt, d. h. es ist

ebenso

$$\left.\begin{array}{l} d_1 \pi = z_1 t \\ d_2 \pi = z_2 t \end{array}\right\} \quad . \quad . \quad . \quad . \quad . \quad . \quad (18)$$

d. h es ist

$$\frac{d_1}{d_2} = \frac{z_1}{z_2}$$

und das Übersetzungsverhältnis für ein Paar von Zahnrädern:

$$\varphi = \frac{n_2}{n_1} = \frac{\omega_2}{\omega_1} = \frac{d_1}{d_2} = \frac{r_1}{r_2} = \frac{z_1}{z_2} \quad . \quad . \quad . \quad (19)$$

Das Übersetzungsverhältnis wird hier also auch ausgedrückt durch

$$\varphi = \frac{\text{Zähnezahl des treibenden Rades}}{\text{Zähnezahl des getriebenen Rades}}.$$

Um für die Durchmesser der Zahnräder ganze Zahlen (ohne Dezimalen) zu erhalten, werden die Zahnräder so hergestellt, daß die Zahnteilung einem Vielfachen von π gleichgemacht wird. Man schreibt

$$t = m\pi, \quad \ldots\ldots\ldots \quad (20)$$

und wählt für m, dem Modul, eine passende Verhältniszahl, z. B. $m = 1, 2, \ldots, {}^1/_2, {}^1/_3, \ldots$

Dann schreiben sich die Gln. (18) einfach

$$\left.\begin{aligned} d_1 &= m z_1 \\ d_2 &= m z_2 \end{aligned}\right\} \quad \ldots\ldots\ldots \quad (21)$$

die Maßzahlen für die Durchmesser werden Vielfache der Zähnezahlen.

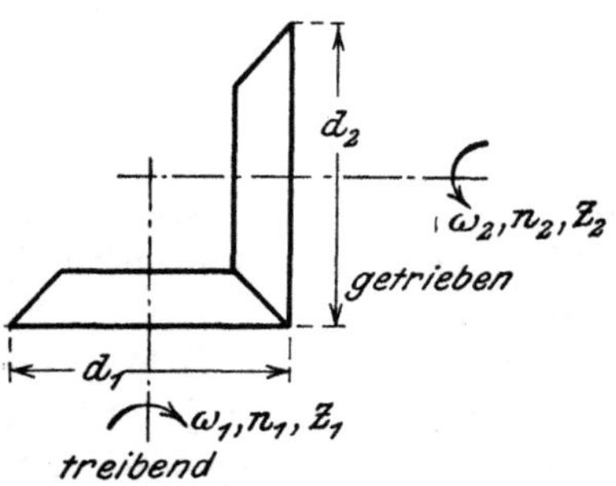

Abb. 8.

Zahnräder in der Anordnung der Abb. 7, die eine Bewegungsübertragung zwischen parallelen Achsen ergeben, nennt man Stirnräder. Zur Bewegungsübertragung zwischen sich schneidenden Achsen dienen die Kegelräder, Abb. 8, bei denen die Zähne auf die Mantelflächen zweier sich berührender Kreiskegelstümpfe aufgebaut sind.

Bezeichnen d_1 und d_2 die Durchmesser der Grundkreise dieser Stümpfe, so gelten ganz dieselben Beziehungen (19) wie für Stirnräder.

Beispiel 10: Von der Kurbelwelle eines Flugmotors soll durch eine Zahnradübersetzung die Steuerwelle angetrieben werden, deren Drehzahl halb so groß ist. Wenn der Achsenabstand 150 mm ist, wie groß sind die Teilkreis-Halbmesser r_1 und r_2 der beiden Räder auszuführen?

Zunächst ist

$$r_1 + r_2 = 150\,\text{mm},$$

ferner ist nach (19)

$$\varphi = \frac{n_2}{n_1} = \frac{r_1}{r_2} = \frac{1}{2}.$$

Man beachte, daß wir eine Übersetzung ins Langsame haben, $\varphi < 1$! Aus der letzten Gl. folgt

$$r_2 = 2\,r_1$$

und daher aus der ersten

$$3\,r_1 = 150\,\text{mm},$$

also

$$r_1 = 50\,\text{mm}, \qquad r_2 = 100\,\text{mm}.$$

Wird nun z. B. $m = 2{,}5$ gewählt, so folgt aus (20)

$$z_1 = \frac{2\,r_1}{m} = \frac{100}{2{,}5} = 40, \qquad z_2 = \frac{2\,r_2}{m} = \frac{200}{2{,}5} = 80.$$

Beispiel 11: Ein Schwungrad mit $d_1 = 3{,}5$ m, $n_1 = 120$ soll mit Riemen als treibende Scheibe eine Vorgelegwelle antreiben, die $n_2 = 300$ Drehungen in 1 min machen soll; wie groß ist d_2 der getriebenen Scheibe und die Winkelgeschwindigkeit ω_2?

Nach (19) ist

$$d_2 = d_1 \cdot \frac{n_1}{n_2} = 3{,}5 \cdot \frac{120}{300} = 1{,}4\,\text{m};$$

ferner ist

$$\omega_2 = \frac{\pi\,n_2}{30} = \frac{\pi\,300}{30} = 31{,}4\ 1/\text{sek}$$

und das Übersetzungsverhältnis

$$\varphi = \frac{n_2}{n_1} = \frac{300}{120} = \frac{5}{2}.$$

III. Ungleichförmige Bewegung.

16. Mittlere Geschwindigkeit. Im Gegensatze zur gleichförmigen Bewegung besteht das Kennzeichen einer ungleichförmigen Bewegung darin, daß die in gleichen Zeiten zurückgelegten Wege verschieden sind.

Wenn der Weg S irgendeiner ungleichförmigen Bewegung längs AB (Abb. 9) in der Zeit T beschrieben wird, so gibt der Quotient

$$v_m = \frac{S}{T}$$

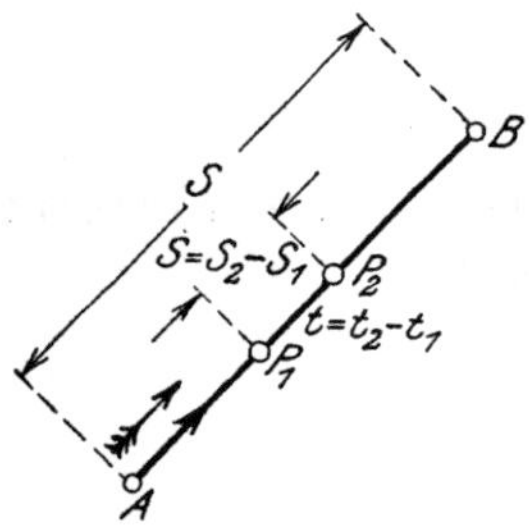

Abb. 9.

die sog. mittlere Geschwindigkeit der Bewegung an, d. i. die Geschwindigkeit einer gedachten gleichförmigen Bewegung, bei der der gleiche Weg S in der gleichen Zeit T beschrieben würde.

In gleicher Weise kann natürlich auch die mittlere Geschwindigkeit für eine beliebige krummlinige Bewegung eines Punktes ermittelt werden.

Beispiel 12: Der Hub des Kolbens eines Flugmotors sei $s = 200$ mm, die Drehzahl 1400, wie groß ist die mittlere Kolbengeschwindigkeit?

Die Kolbenbewegung ist in Wirklichkeit ungleichförmig, an den Endlagen steht der Kolben einen Augenblick still, ungefähr in der Mitte bewegt er sich am schnellsten.

Die mittlere Kolbengeschwindigkeit ergibt sich durch folgende Überlegung: Es ist der

Kolbenweg	bei einer Umdrehung	$2s$
„	in 1 min (n Umdrehg.)	$2sn$
„	in 1 sek	$\frac{2sn}{60} = \frac{sn}{30}$,

daher

$$v_m = \frac{sn}{30} \quad \ldots \ldots \quad (22)$$

In unserem Beispiel

$$v_m = \frac{0{,}2 \cdot 1400}{30} = 9{,}3 \text{ m/sek.}$$

17. Augenblickliche Geschwindigkeit. Als „augenblickliche Geschwindigkeit“ oder kurz Geschwindigkeit eines sich ungleichförmig bewegenden Körpers zu einer bestimmten Zeit wird jene bezeichnet, die der Körper haben würde, wenn er sich von dieser Zeit ab gleichförmig weiterbewegen würde.

Wenn wir die Geschwindigkeit ähnlich wie bei der gleichförmigen Bewegung berechnen wollten, so ist dies offenbar nur möglich, wenn wir eine sehr kurze Zeit und den in dieser kurzen Zeit zurückgelegten kleinen Weg betrachten und wieder den Quotienten Weg/Zeit nehmen.

Auch mit Hilfe der Weg-Zeit-Linie ist die Bestimmung der Geschwindigkeit einer krummlinigen Bewegung möglich.

In Punkt 7 haben wir gesehen, daß die Weg-Zeit-Linie für eine gleichförmige Bewegung eine Gerade ist. Auch für jede ungleichförmige Bewegung läßt sich eine solche Weg-Zeit-Linie aufzeichnen, die dann jedoch keine Gerade mehr, sondern irgendeine beliebige gekrümmte Linie sein wird.

Betrachten wir nun (Abb. 9) die Wege s_1 und s_2 nach t_1 und t_2 sek, die den Punkten A_1 und A_2 der Zeitlinie entsprechen, so daß (Abb. 10) $OA_1 = t_1$, $OA_2 = t_2$ und $A_1B_1 = s_1$, $A_2B_2 = s_2$, so erhält man als mittlere Geschwindigkeit das Verhältnis

$$v = \frac{s_2 - s_1}{t_2 - t_1} = \operatorname{tg} \alpha,$$

wenn α den Winkel der Geraden B_1B_2 mit der t-Achse bedeutet.

Wählt man A_2 nahe an A_1, so fällt auch B_2 nahe an B_1, und die Gerade B_1B_2 geht schließlich in die Tangente an die Weg-Zeit-Linie im Punkte B_1 über, die mittlere wird die augenblickliche Geschwindigkeit.

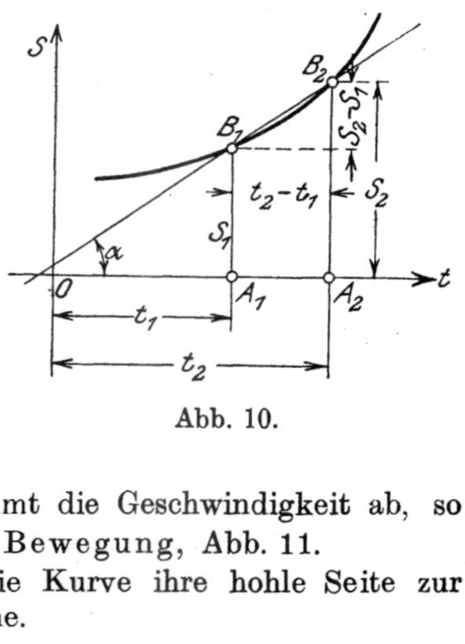

Abb. 10.

Die Neigung der Tangente an die Weg-Zeit-Linie gegen die t-Achse ist also ein Maß für die Geschwindigkeit; nimmt diese Neigung mit wachsendem t zu (wie in Abb. 10), so nimmt auch die Geschwindigkeit zu und wir erhalten eine beschleunigte Bewegung; nimmt die Geschwindigkeit ab, so erhalten wir eine verzögerte Bewegung, Abb. 11.

Im zweiten Falle kehrt die Kurve ihre hohle Seite zur t-Achse, im ersten ihre erhabene.

(Man beachte, daß die krummen Linien Abb. 10 und 11 die Weg-Zeit-Linien und nicht etwa die Bahnen der betrachteten Punkte sind, die die Bewegung ausführen!)

IV. Gleichmäßig beschleunigte Bewegung.

18. Beschleunigung. Die einfachste ungleichförmige Bewegung ist die gleichmäßig beschleunigte (oder verzögerte) Bewegung in gerader Linie. Sie ist dadurch gekennzeichnet, daß die Geschwindigkeit in gleichen Zeiten um die gleiche Größe zunimmt. Die Zunahme der Geschwindigkeit in 1 sek nennen wir die Beschleunigung, b. Die Geschwindigkeit nimmt also proportional mit der Zeit zu. Das älteste Schulbeispiel für diese Bewegung gibt der freie Fall im luftleeren Raum

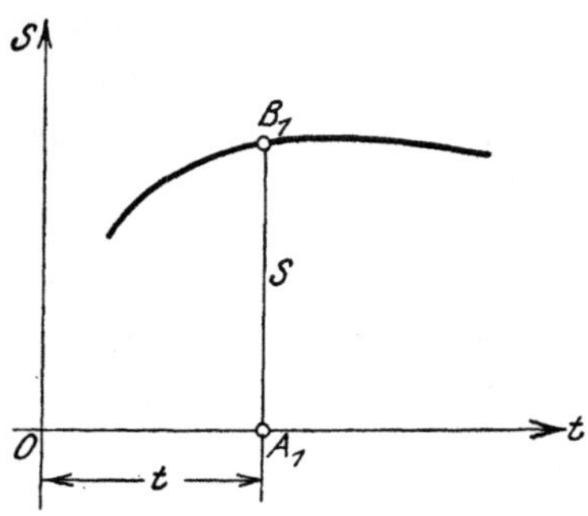

Abb. 11.

19. Ohne Anfangsgeschwindigkeit. Nehmen wir zunächst der Einfachheit halber an, die Bewegung gehe von der Ruhe aus, die Anfangsgeschwindigkeit sei = 0. Dann wird die Geschwindigkeit nach jeder sek um b größer, also ist

nach	1 sek	die	Geschwindigkeit	$v_1 = b$
„	2 „	„	„	$v_2 = b \cdot 2$
„	t „	„	„	$v = b \cdot t$.

Dies ist schon die erste Grundgleichung für die gleichmäßig beschleunigte Bewegung:

$$v = bt \quad \ldots\ldots\ldots \quad (23)$$

Welche Dimension hat die Beschleunigung? Lösen wir die Gl. (23) nach b auf, so folgt:

$$b = \frac{v}{t},$$

mithin ergibt sich die Dimension der Beschleunigung, wenn wir Geschwindigkeit (m/sek) durch Zeit dividieren, also in unserer schon oben verwendeten Schreibweise:

$$[b] = \frac{[v]}{[t]} = \frac{[\mathrm{m/sek}]}{[\mathrm{sek}]} = [\mathrm{m/sek^2}],$$

Die Beschleunigung wird in m/sek² ausgedrückt.

Z. B. ist die Beschleunigung des freien Falles 9,81 m/sek².

Den Ausdruck für den Weg bekommen wir auf folgende Weise: der Punkt hat am Anfange die Geschwindigkeit 0, nach 1 sek ist die Geschwindigkeit v_1, die mittlere Geschwindigkeit in dieser 1·sek ist also $\frac{v_1}{2}$; es ist also der

$$\text{Weg nach 1 sek} = s_1 = \frac{v_1}{2} \cdot 1,$$

ebenso

$$\text{„ „ 2 „} = s_2 = \frac{v_2}{2} \cdot 2$$

$$\text{„ „ } t \text{ „} = s = \frac{v}{2} \cdot t,$$

also

$$s = \frac{v t}{2} \quad \ldots \ldots \quad (24)$$

oder mit Benutzung von (23)

$$s = \frac{b t^2}{2} \quad \ldots \ldots \quad (25)$$

Außer den Gln. (23), (24), (25) kann man noch eine Beziehung zwischen s, v und b aufstellen, wenn man t herausschafft. Aus (23) folgt

$$t = \frac{v}{b}$$

und in (24) eingesetzt:

$$s = \frac{v^2}{2b},$$

oder

$$v^2 = 2bs, \qquad v = \sqrt{2bs} \quad \ldots \quad (26)$$

20. Mit Anfangsgeschwindigkeit. Wenn der betrachtete Punkt zu Anfang seiner Bewegung schon eine Geschwindigkeit v_0 hat, und es erfolgt die Zunahme wieder mit der Beschleunigung b, so ist die Geschwindigkeit

zu Anfang	v_0
nach 1 sek	$v_0 + b \cdot 1$
„ 2 „	$v_0 + b \cdot 2$
„ t „	$v_0 + b \cdot t$,

also

$$v = v_0 + bt, \quad \ldots \ldots \quad (27)$$

d. h. der Zuwachs an Geschwindigkeit in t sek addiert sich zu der vorhandenen Anfangsgeschwindigkeit.

In ähnlicher Weise erhalten wir auch den Ausdruck für den Weg. Am Anfang ist die Geschwindigkeit v_0, nach 1 sek: $v_0 + b$ usw., nach t sek: $v = v_0 + bt$; die mittlere Geschwindigkeit innerhalb dieser t sek ist daher, da die Zunahme gleichmäßig erfolgt:

$$\frac{v_0 + v}{2} = \frac{v_0 + v_0 + bt}{2} = v_0 + \frac{bt}{2},$$

daher der Weg s (in t sek) = Geschwindigkeit mal Zeit:

$$s = \frac{v_0 + v}{2} \cdot t \quad \ldots \ldots \quad (28)$$

oder auch

$$s = v_0 t + \tfrac{1}{2} b t^2 \quad \ldots \ldots \quad (29)$$

Durch Herausschaffen der Zeit t mit Benutzung von (27) ergibt sich zunächst

$$t = \frac{v - v_0}{b},$$

und in (28) eingesetzt

$$s = \frac{v_0 + v}{2} \cdot \frac{v - v_0}{b} = \frac{v^2 - v_0^2}{2b}$$

oder

$$v^2 - v_0^2 = 2bs$$

oder

$$v^2 = v_0^2 + 2bs, \qquad v = \sqrt{v_0^2 + 2bs} \quad \ldots \quad (30)$$

Übungen: Aufzeichnung von Weg-Zeit- und Geschwindigkeit-Zeit-Linien.

21. Der freie Fall im luftleeren Raum. Aus einer Reihe von Versuchen wurde erschlossen, daß die Bewegung eines Körpers im luftleeren Raum eine gleichmäßig beschleunigte

Bewegung ist. Die Beschleunigung dieser Bewegung, die sogenannte Fall- oder Schwere-Beschleunigung, wird mit g bezeichnet; sie beträgt, wie schon oben gesagt, 9,81 m/sek². Die Größe von g ist an Punkten der Erdoberfläche mit verschiedener geographischer Breite verschieden.

Die Gesetze des freien Falles sind daher für die Anfangsgeschwindigkeit 0 durch die Gln. (23) bis (26), für die Anfangsgeschwindigkeit v_0 durch die Gln. (27) bis (30) gegeben, wobei einfach $b = g$ zu setzen ist. Die aus (26) berechnete „durchfallene Höhe"

$$s = \frac{v^2}{2g} = h$$

nennt man Geschwindigkeitshöhe.

Beispiel 13: Von einem Flugzeug wird aus 2000 m Höhe eine Bombe fallen gelassen; nach welcher Zeit schlägt sie auf der Erde ein und wie groß ist die Auftreffgeschwindigkeit v? (Auf die Eigenbewegung des Flugzeuges und auf den Luftwiderstand ist keine Rücksicht zu nehmen.)

Aus (25) folgt (mit $b = g = 9{,}81$ m/sek²!)

$$t = \sqrt{\frac{2s}{g}} = \sqrt{\frac{2 \cdot 2000}{9{,}81}} = 20{,}2 \text{ sek}$$

und aus (24)

$$v = \frac{2s}{t} = \frac{4000}{20{,}2} = 198 \text{ m/sek};$$

der gleiche Wert ergibt sich aus (23):

$$v = g \cdot t = 9{,}81 \cdot 20{,}2 = 198 \text{ m/sek},$$

oder auch aus (26):

$$v = \sqrt{2gs} = \sqrt{2 \cdot 9{,}81 \cdot 2000} = 198 \text{ m/sek}.$$

Wenn aus derselben Höhe ein Geschoß mit $v_0 = 622$ m/sek lotrecht nach unten abgefeuert wird, nach welcher Zeit und mit welcher Geschwindigkeit erreicht dieses die Erde?

Aus (30) folgt

$$v = \sqrt{622^2 + 2 \cdot 9{,}81 \cdot 2000} = 654 \text{ m/sek}$$

und aus (27)

$$t = \frac{v - v_0}{g} = \frac{654 - 622}{9{,}81} = \frac{32}{9{,}81} = 3{,}3 \text{ sek}.$$

Die Auftreffgeschwindigkeit ist (wegen der kurzen Flugzeit t) nur wenig größer als die Anfangsgeschwindigkeit.

Selbstverständlich werden diese Werte durch den Luftwiderstand verändert; doch können bei günstiger Form der Bomben diese Änderungen auf wenige Prozente herabgedrückt werden.

V. Gleichmäßig verzögerte Bewegung.

22. Verzögerung. Kennzeichnende Gleichungen. Eine gleichmäßig verzögerte Bewegung kann naturgemäß nur eintreten, wenn eine gewisse Anfangsgeschwindigkeit v_0 vorhanden ist, die durch eine Verzögerung fortgesetzt vermindert wird. Unter Verzögerung versteht man dabei die Abnahme der Geschwindigkeit in der Zeiteinheit. Bezeichnet man die Verzögerung mit p, so ist die Abnahme der Geschwindigkeit nach t sek: $p \cdot t$ und daher die Endgeschwindigkeit nach t sek:

$$v = v_0 - pt \quad \ldots\ldots\ldots \quad (31)$$

Da wieder die Abnahme gleichmäßig erfolgt, ist die mittlere Geschwindigkeit $\frac{v_0 + v}{2}$ und der Weg nach t sek

$$s = \frac{v_0 + v}{2} \cdot t = \frac{v_0 + v_0 - pt}{2} \cdot t = v_0 t - \tfrac{1}{2} p t^2 \qquad (32)$$

und, da nach (31) $t = \frac{v_0 - v}{p}$, folgt auch

$$s = \frac{v_0^2 - v^2}{2p} \quad \ldots\ldots\ldots \quad (33)$$

oder

$$v^2 = v_0^2 - 2ps, \qquad v = \sqrt{v_0^2 - 2ps} \quad \ldots \quad (34)$$

Nach einer gewissen Zeit T wird die ursprünglich vorhandene Geschwindigkeit v_0 aufgebraucht sein, der Körper wird zur Ruhe kommen. Die Zeit, nach der dies geschieht, ergibt sich, wenn wir in obigen Gln. die Endgeschwindigkeit $v = 0$ machen, also nach (31)

$$T = \frac{v_0}{p} \quad \ldots\ldots\ldots \quad (35)$$

und der zugehörige Weg S nach (32) oder (33)

$$S = \frac{v_0 T}{2} = \frac{v_0^2}{2p} \quad \ldots \ldots \quad (36)$$

Beispiel 14: Ein Flugzeug, das beim Aufsetzen auf die Erde noch eine wagrechte Geschwindigkeit von $v_0 = 20$ m/sek hat, soll in 30 sek zum Stehen kommen. Wie groß ist die Verzögerung und der Auslaufweg?

Aus (35) folgt die gesuchte Verzögerung:

$$p = \frac{v_0}{T} = \frac{20}{30} = 0{,}66 \text{ m/sek}^2,$$

und aus (36) der Auslaufweg:

$$s = \frac{v_0 T}{2} = \frac{20 \cdot 30}{2} = 300 \text{ m}.$$

23. Wurf nach aufwärts. Die Gesetze für den Wurf nach aufwärts sind unmittelbar durch die Gln. (31) bis (34) gegeben, wenn darin $p = g$ gesetzt wird, also

Geschw. nach t sek: $v = v_0 - gt$ . . . (37)

Weg in t sek: $s = v_0 t - \frac{1}{2} g t^2$ . . (38)

Geschw. durch Weg ausgedrückt: $v = \sqrt{v_0^2 - 2gs}$ . . (39)

Unter Steighöhe H versteht man die größte mit v_0 erreichbare Höhe, sie ergibt sich durch $v = 0$ aus (39):

$$s = H = \frac{v_0^2}{2g}, \quad \ldots \ldots \quad (40)$$

ist also gleich der „Geschwindigkeitshöhe“.

Als Steigzeit T bezeichnet man die zur Erreichung des höchsten Punktes notwendige Zeit; sie folgt mit $v = 0$ aus (37):

$$T = \frac{v_0}{g} \quad \ldots \ldots \quad (41)$$

Nachdem der Körper die Steighöhe erreicht hat, kehrt sich seine Bewegung um, er beginnt zu fallen und erreicht die Erde mit der gleichen Geschwindigkeit, mit der er abgegangen, die notwendige Fallzeit ist gleich der Steigzeit.

Beispiel 15: Ein Körper wird lotrecht in die Höhe geworfen und kehrt nach 20 sek zum Ausgangspunkte zurück; wie groß war seine Anfangsgeschwindigkeit und seine Steighöhe?

Steigzeit (= Fallzeit): $T = \frac{20}{2} = 10\,\text{sek}$,

Anfangsgeschw.: $v_0 = gT = 9{,}81 \cdot 10 = 98{,}1\ \text{m/sek}$,

Steighöhe: $H = \frac{v_0^2}{2g} = \frac{98{,}1^2}{2 \cdot 9{,}81} = 490{,}5\ \text{m}$

oder $H = \frac{gT^2}{2} = \frac{9{,}81 \cdot 100}{2} = 490{,}5\ \text{m}$.

VI. Zusammensetzung von gleichförmigen Bewegungen.

24. Gleichgerichtete Geschwindigkeiten. Für die folgenden Betrachtungen erweist sich die Darstellung einer Geschwindigkeit durch eine Strecke, wie wir sie in Punkt 11 erklärt haben, von besonderer Wichtigkeit; wir werden uns ihrer fortgesetzt bedienen.

Wir bleiben wieder bei der Betrachtung des Flugzeuges und nehmen an, daß das Flugzeug nicht mehr in ruhiger Luft fliegen möge, sondern im Winde; wir setzen dabei zunächst voraus, daß die Windgeschwindigkeit gleiche Richtung haben möge wie die Flugzeuggeschwindigkeit.

Um die Vorgänge anschaulich und rechnungsmäßig zu verfolgen, müssen wir annehmen, daß der Wind beständig sei, d. h. daß dieser für die ganze Dauer, auf die sich unsere Betrachtung bezieht, seine Stärke und Richtung nicht ändern möge. Wir stellen uns die Sache also so vor, daß der über der Erde befindliche Luftkörper K, Abb. 12, den wir uns entsprechend groß denken, eine gleichförmige Bewegung mit der Geschwindigkeit w gegen die Erde ausführen möge; w nennen wir die Windgeschwindigkeit. Ein in diesem Luftkörper befindlicher Freiballon wird von der Luft einfach fortgetragen werden, also ebenfalls die Geschwindigkeit w gegen die Erde haben, und seine Lage gegen den Luftkörper nicht verändern (Abb. 12).

In diesem Mangel einer Eigenbewegung gegenüber der Luft liegt der Grund, warum alle Versuche, einen Freiballon durch Steuerflächen u. dgl. lenkbar zu machen (welcher Vorschlag in der Geschichte der Luftschiffahrt unzählige Male aufgetaucht ist) fehlschlagen mußten.

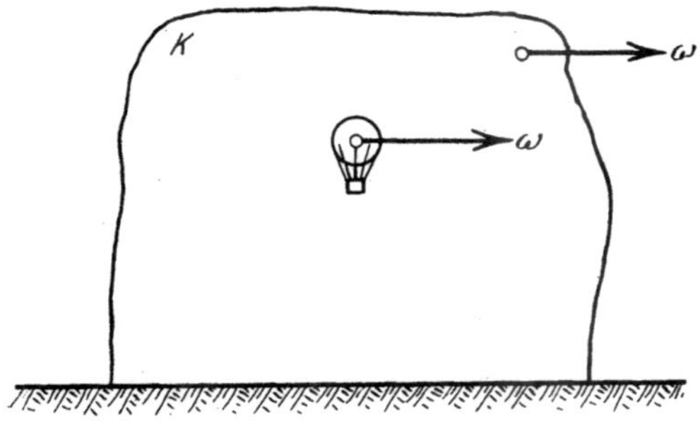

Abb. 12.

Für das Flugzeug liegt nun die Sache so: Es ist mit Motor und Luftschraube ausgerüstet und erhält dadurch eine gewisse Geschwindigkeit v gegen die umgebende Luft, die Eigengeschwindigkeit, ohne Rücksicht darauf, ob diese Luft ruht oder bewegt ist, man sagt, es legt relativ zur Luft sekundlich immer den gleichen Weg v zurück. Auf dem Vorhandensein dieser Eigengeschwindigkeit beruht nicht nur der Auftrieb, der das Gewicht des Flugzeuges ausgleicht, sondern auch die ganze Steuerfähigkeit.

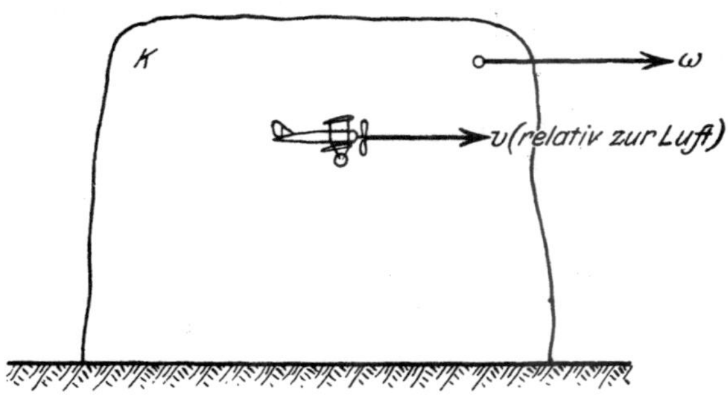

Abb. 13.

Bewegt sich die Luft (also der Luftkörper K in Abb. 13) mit einer Geschwindigkeit w, so wird das Flugzeug durch die Luft selbst mitgetragen, d. h. es legt in jeder Sekunde gegen die ruhend gedachte Erde außer dem Weg v (entsprechend seiner Eigengeschwindigkeit) auch noch den Weg w vermöge der Windgeschwindigkeit zurück, also besteht im ganzen seine Geschwindigkeit aus der Summe der beiden:

$$v_1 = v + w \quad . \; . \; . \; . \; . \; . \; . \; . \quad (42)$$

Diese Addition wird durch Verwendung der Streckendarstellung besonders anschaulich, Abb. 14. Die beiden Bewegungen stören also einander in keiner Weise, es kommt jede voll zur Geltung.

Man nennt v_1 die absolute Geschwindigkeit und versteht darunter die Geschwindigkeit gegen die ruhende Erde, und v die relative Geschwindigkeit, d. i. die Geschwindigkeit des Flugzeuges gegen die umgebende Luft.

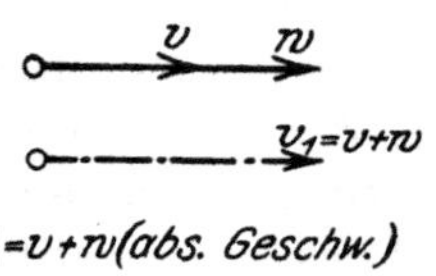

Abb. 14.

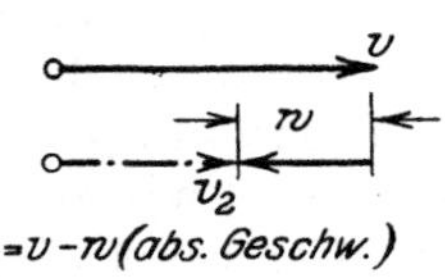

Abb. 15.

Die absolute Bewegung wird als die Zusammensetzung aus der Eigenbewegung und der Windbewegung bezeichnet. Die Geschwindigkeit der absoluten Bewegung ist die Summe der Geschwindigkeiten der beiden Einzelbewegungen.

Die Eigengeschwindigkeit v des Flugzeuges ist als Konstante anzusehen: das Flugzeug arbeitet sich relativ zur Luft immer gleich schnell fort, mag die umgebende Luft sich bewegen oder ruhen.

Haben v und w entgegengesetzte Richtung (also bei Gegenwind), so ist die absolute Geschwindigkeit (Abb. 15):

$$v_2 = v - w, \quad . \; . \; . \; . \; . \; . \; . \quad (43)$$

d. h. das Flugzeug bewegt sich gegen die Luft immer noch mit der Geschwindigkeit v m/sek, wird aber durch den Wind in jeder Sekunde wieder um w zurückgebracht. Die absolute Geschwindigkeit ist jetzt die Differenz der Einzelgeschwindigkeiten.

Wäre $v = w$, so wäre $v_2 = 0$, d. h. das Flugzeug würde sich gegen die Erde in Ruhe befinden und über einem Punkt ruhig zu stehen scheinen. Doch haben wir glücklicherweise keine so langsamen Flugzeuge und i. a. keine so starken Winde, die diesen Zustand hervorbringen würden; nur bei besonderer „Steilstellung" des Flugzeuges, die wieder besondere Geschicklichkeit des Piloten bedingt, ist er erreichbar.

Es braucht wohl nicht ausdrücklich gesagt zu werden, daß die absolute Bewegung des Flugzeuges wieder eine gleichförmige ist, wenn sowohl die Eigengeschwindigkeit wie die Windgeschwindigkeit nach Größe und Richtung konstant bleiben.

Ganz allgemein gilt der Satz: Die Zusammensetzung zweier gleichförmiger Bewegungen ist stets wieder eine gleichförmige Bewegung.

Weitere Beispiele für diese Zusammensetzung von Bewegungen sind leicht anzugeben: Eine Person, die in einem fahrenden Zug mit einer bestimmten „Eigengeschwindigkeit" vorgeht, besitzt gegen die Erde eine Geschwindigkeit, die die Summe aus der Zugsgeschwindigkeit und „Eigengeschwindigkeit" ist, u. dgl. m.

25. Anwendung: Eigengeschwindigkeit eines Flugzeuges bei Wind. Für ein Flugzeug kennzeichnend ist nur seine Eigengeschwindigkeit, nicht die absolute Geschwindigkeit, die von der Erde aus beobachtet wird. Zur Bestimmung der Eigengeschwindigkeit wird in der Windrichtung eine Stoppstrecke abgesteckt, die Strecke hin und zurück abgeflogen und die hierfür erforderlichen Zeiten, t_1 bzw. t_2, „abgestoppt". Dann ist die absolute Geschwindigkeit für den

Hinflug . . . . . . $v_1 = v + w = \frac{s}{t_1}$

Rückflug . . . . . . $v_2 = v - w = \frac{s}{t_2}$.

Durch Addition folgt sogleich

$$2v = v_1 + v_2 = s\left(\frac{1}{t_1} + \frac{1}{t_2}\right)$$

und daraus die Eigengeschwindigkeit:

$$v = \frac{s}{2}\left(\frac{1}{t_1} + \frac{1}{t_2}\right) \text{m/sek} = 1{,}8 \cdot s\left(\frac{1}{t_1} + \frac{1}{t_2}\right) \text{km/Stde}, \quad . \quad . \quad (44)$$

da man mit 3,6 multiplizieren muß, wenn man die Geschwindigkeit in km/Stde ausdrücken will (s. Gl. (3)).

Aus den Gln. (42) und (43) ergibt sich auch die Windgeschwindigkeit w, und zwar durch die Subtraktion:

$$w = \tfrac{1}{2}(v_1 - v_2) = \frac{s}{2}\left(\frac{1}{t_1} - \frac{1}{t_2}\right) \quad . \; . \; . \; . \quad (45)$$

Beispiel 16: $s = 3826$ m
$t_1 = 1$ min 34 sek $= 94$ sek
$t_2 = 2$ min 06 sek $= 126$ sek

Die Eigengeschw. ist nach (44) . . $v = \frac{3826}{2}\left(\frac{1}{94} + \frac{1}{126}\right) = 35{,}5$ m/sek

und die Windgeschw. nach (45) . . $w = \frac{3826}{2}\left(\frac{1}{94} - \frac{1}{126}\right) = 5{,}2$ m/sek.

26. Verschieden gerichtete Geschwindigkeiten. Nun ist es offenbar ein ganz besonderer Fall, daß die Richtungen der Eigenbewegung und des Windes zusammenfallen, im allgemeinen werden sie miteinander einen Winkel einschließen; wir erhalten sodann folgende Verhältnisse:

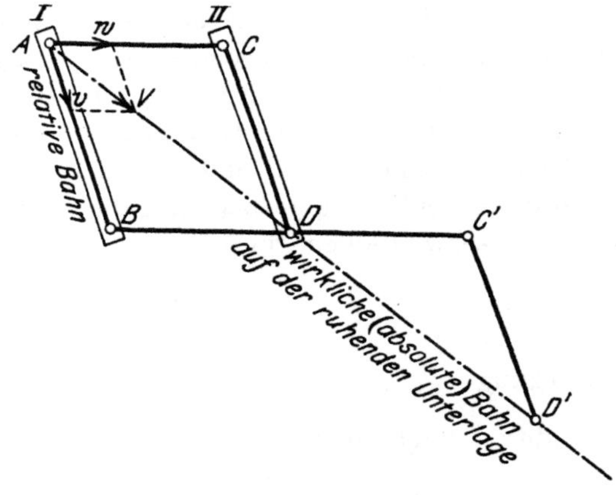

Abb. 16.

Stellen wir uns zunächst vor, ein Körper bewege sich in einer Röhre, Abb. 16, mit bekannter Geschwindigkeit v, und diese Röhre selbst bewege sich mit einer Geschwindigkeit w

in anderer Richtung weiter, so wird der Körper entlang des Rohres weitergleiten, er wird aber auch die Bewegung der Röhre mitmachen. In der Zeiteinheit sei er in der Röhre von A nach B gelangt und innerhalb dieser Zeiteinheit möge sich auch die Röhre aus der Lage I in die Lage II, also der mit A zusammenfallende Punkt der Röhre von A nach C weiterbewegt haben. Auf der ruhenden Unterlage wird der Körper in der Zeiteinheit daher nach D gekommen sein.

Stellen wir wieder jeden dieser Wege in der Zeiteinheit, die nichts anderes sind wie die Geschwindigkeiten, in einem beliebigen Maßstabe durch eine Strecke dar, die einerseits die Größe der betreffenden Geschwindigkeit hat, andererseits ihre Richtung in Bezug auf die ruhende Unterlage angibt, so folgt, wie aus der Abb. 16 unmittelbar ersichtlich, daß die Geschwindigkeit V der wirklichen, absoluten Bewegung nichts anderes ist wie die vom Anfangspunkt ausgehende Diagonale des Parallelogramms, das mit den Strecken v und w als Seiten gezeichnet werden kann. Wir erhalten so das sog. Parallelogrammgesetz der Geschwindigkeit: Wenn ein Körper gleichzeitig zwei Geschwindigkeiten v und w besitzt, so ist die wirklich auftretende Geschwindigkeit die Diagonale des über v und w als Seite gezeichneten Parallelogramms; man nennt dieses das Geschwindigkeitsparallelogramm.

Ganz ähnlich liegen die Verhältnisse für die Bewegung des Flugzeuges im Winde.

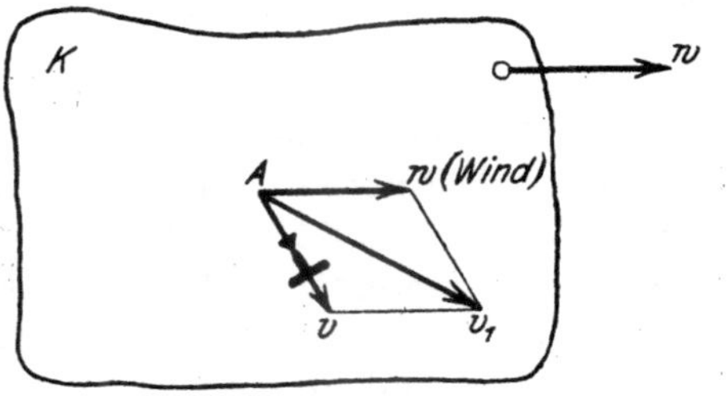

Abb. 17.

Die Geschwindigkeit des Flugzeuges gegen die umgebende Luft nennen wir die Eigengeschwindigkeit oder die relative Geschwindigkeit. Die Rolle der Röhre in Abb. 16 spielt hier der Luftkörper K, w ist die Windgeschwindigkeit, v_1 ist die absolute Geschwindigkeit des Flugzeuges gegen die Erde, Abb. 17. In der Flugtechnik findet man für die absolute Geschwindigkeit auch die Bezeichnung: scheinbare Geschwindigkeit.

Man beachte die Lage der Längsachse des Flugzeuges in Abb. 17! Das Flugzeug bewegt sich in dem Luftkörper *K*, der in Abb. 17 in der Draufsicht angedeutet ist und sich mit der Windgeschwindigkeit *w* nach rechts verschiebt. Die Diagonale des Parallelogramms über *v* und *w* gibt die absolute Geschwindigkeit, d. i. die Geschwindigkeit bezogen auf die (darunter als ruhend angenommene) Erdoberfläche.

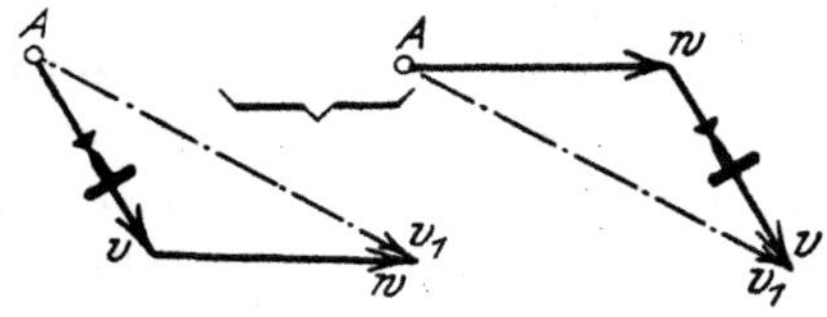

Abb. 18.

Man sieht aus Abb. 17 und 18 sofort, daß es nicht nötig ist, das ganze Parallelogramm zu zeichnen, es genügt die Zeichnung eines Dreiecks, Abb. 18, des Geschwindigkeitsdreiecks; und zwar ist die Reihenfolge der Zusammenfügung von *v* und *w* willkürlich, man kann entweder *w* an *v* oder auch *v* an *w* ansetzen, immer kommt man zum gleichen v_1.

Den in den Abb. 17 und 18 dargestellten Vorgang nennt man die geometrische Addition der Geschwindigkeiten, v_1 die geometrische Summe aus *v* und *w*. Damit soll angedeutet werden, daß den Geschwindigkeiten im Raume bestimmte Richtungen zukommen, die auch für die Summation berücksichtigt werden müssen.

27. Bestimmung der Flugzeuggeschwindigkeit bei Vorhandensein von Wind. Bei ruhiger Luft wird die Eigengeschwindigkeit *v*, schlechthin Flugzeuggeschwindigkeit genannt, einfach durch Überfliegen einer „Stoppstrecke“ gemessen. Bei bewegter Luft müssen wir wieder annehmen, daß es sich um beständigen (regelmäßigen) Wind handelt, d. h. die Richtung und Stärke des Windes soll sich während der Messung nicht ändern. Da diese Forderung in der Natur offenbar nur angenähert erfüllt ist, so werden wir durch die Methoden zur Bestimmung von *v*, die wir jetzt beschreiben wollen und die auf der Anwendung des in Punkt 26 besprochenen Geschwindigkeitsdreiecks beruhen, stets nur einen Mittelwert erwarten dürfen.

Das Problem besteht darin, die Eigengeschwindigkeit *v* zu

bestimmen, wenn die absoluten Geschwindigkeiten durch Überfliegen von Stoppstrecken gemessen werden. Das Ergebnis werden wir mit Hilfe des Geschwindigkeitsdreiecks erhalten, zu dessen Konstruktion natürlich außer den absoluten Geschwindigkeiten noch andere Bestimmungsstücke erforderlich sind. Man hilft sich in der Weise, daß man entweder eine und dieselbe Stoppstrecke nach beiden Richtungen überfliegt und noch ein weiteres Bestimmungsstück der dabei auftretenden Geschwindigkeitsdreiecke unmittelbar bestimmt, oder indem man 3 Stoppstrecken überfliegt, die nicht in derselben Geraden liegen. Das Geschwindigkeitsdreieck wird (wie in Punkt 26 erklärt) stets durch die Eigengeschwindigkeit, die absolute und die Windgeschwindigkeit gebildet.

Stets müssen 3 Größen gemessen werden, um das Geschwindigkeitsdreieck konstruieren zu können; diese 3 Größen können z. B. sein:

a) Die absoluten Geschwindigkeiten v_1 und v_2 in zwei zueinander entgegengesetzten Richtungen (mittels einer Stoppstrecke) und die Richtung des Windes (Winkel α) gegen die Stoppstrecke.

b) Die absoluten Geschwindigkeiten v_1 und v_2 in zwei zueinander entgegengesetzten Richtungen (wie in a) und die Abtrift, d. i. der Winkel (β) zwischen Stoppstrecke und Eigengeschwindigkeit. (Die Richtung der Eigengeschwindigkeit ist immer die der Längsachse des Flugzeuges!)

c) Die absoluten Geschwindigkeiten v_1, v_2, v_3 in zwei einander entgegengesetzten und einer dritten, darauf senkrechten Richtung.

d) Die absoluten Geschwindigkeiten v_1, v_2, v_3 nach drei zueinander geneigten Richtungen.

In diesen Fällen kann die gesuchte Eigengeschwindigkeit aus den angegebenen Größen wie folgt erhalten werden:

a) Gemessen: v_1, v_2, α.

Bezeichnet s die bekannte Länge der abgesteckten Stoppstrecke und t_1 bzw. t_2 die Zeiten, die man zum Abfliegen der Stoppstrecke hin bzw. zurück braucht, so ergeben die Quotienten $\frac{s}{t_1}$ und $\frac{s}{t_2}$ die absoluten Geschwindigkeiten v_1 und v_2 in den beiden einander entgegengesetzten Richtungen der Stoppstrecke. Ermittelt man ferner mit Zuhilfenahme einer Windfahne und eines Transporteurs den Winkel α zwischen Windrichtung und Stoppstrecke, so ergibt sich die Eigengeschwindigkeit v des Flugzeuges aus der Formel:

$$v = \frac{v_1 + v_2}{2} \sqrt{1 + \left(\frac{v_1 - v_2}{v_1 + v_2}\right)^2 \cdot \operatorname{tg}^2 \alpha} \quad . \; . \; . \; (46)$$

Diese Methode versagt, wenn $\alpha = 90^0$, also $v_1 = v_2$ ist, d. h. wenn die Windrichtung senkrecht zur Stoppstrecke steht.

Die zeichnerische Ermittelung der Eigengeschwindigkeit v geschieht in der aus Abb. 19 ersichtlichen Weise. Man trägt die beiden absoluten Geschwindigkeiten (in einem passenden Maßstabe) von A aus auf, so daß $\overline{AB} = v_1$, $\overline{AC} = v_2$, und zieht durch A eine unter α geneigte Gerade g, die die Richtung der Windgeschwindigkeit darstellt.

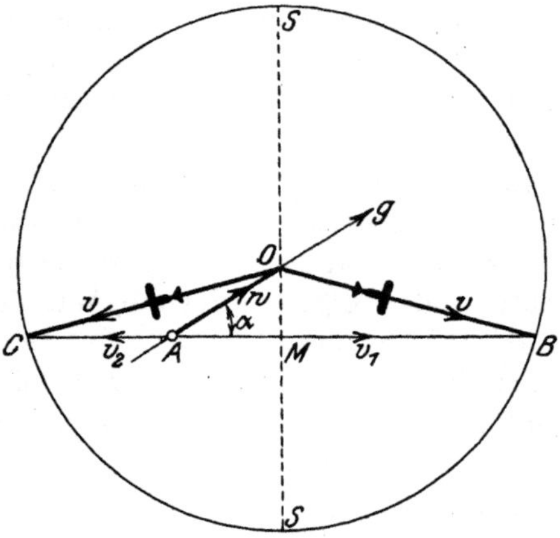

Abb. 19.

Da die Eigengeschwindigkeit v eine feste Größe ist, muß sie in beide Geschwindigkeitsdreiecke als gleich lange Strecke eingehen. Die zwei Geschwindigkeitsdreiecke sind in Abb. 19 so nebeneinander gelegt, daß die Windgeschwindigkeit w beiden gemeinsam ist. Zieht man also die Streckensymmetrale SS der Strecke BC und sucht den Schnittpunkt O von SS mit der durch den Punkt A unter dem Winkel α gezogenen Geraden g, dann liefern die (gleichen) Strecken $\overline{OB}$ und $\overline{OC}$ die Größe und Richtungen von v; die Richtungen sind natürlich verschieden. Die Strecke $\overline{AO} = w$ ergibt die Größe der Windgeschwindigkeit. Die Lagen des Flugzeuges für Hin- und Rückflug sind in Abb. 19 (wie auch in den folgenden Abbildungen) angedeutet.

Diese Bestimmung der Flugzeuggeschwindigkeit wird nie sehr genau ausfallen können, da die Ermittelung des Winkels α ziemlich unsicher ist. Das Verfahren eignet sich daher, ebenso wie das unter b) angegebene, nur für Näherungswerte und Schätzungen, bei denen man mit einfachen Formeln dem Einfluß der Windstärke Rechnung tragen will.

Ableitung der Gl. (46):

Aus dem Dreieck OCM (Abb. 19) folgt für die Hypothenuse $\overline{OC} = v$:

$$v = \sqrt{CM^2 + MO^2},$$

darin ist

$$\overline{CM} = \frac{v_1 + v_2}{2},$$

$$\overline{MO} = AM \operatorname{tg} \alpha = \left(\frac{v_1 + v_2}{2} - v_2\right) \operatorname{tg} \alpha = \frac{v_1 - v_2}{2} \operatorname{tg} \alpha,$$

daher

$$v = \sqrt{\left(\frac{v_1 + v_2}{2}\right)^2 + \left(\frac{v_1 - v_2}{2}\right)^2 \operatorname{tg}^2 \alpha},$$

welcher Ausdruck mit Gl. (46) identisch ist.

Beispiel 17: In der oben verwendeten Bedeutung sei:

$$s = 4000 \text{ m},$$
$$t_1 = 2 \text{ min} = 120 \text{ sek},$$
$$t_2 = 4 \text{ min } 30 \text{ sek} = 270 \text{ sek},$$
$$\alpha = 60^0.$$

Die absoluten Geschwindigkeiten sind für den

$$\text{Hinflug} \quad v_1 = \frac{s}{t_1} = \frac{4000}{120} = 33{,}3 \text{ m/sek},$$

$$\text{Rückflug} \quad v_2 = \frac{s}{t_2} = \frac{4000}{270} = 14{,}8 \text{ m/sek}.$$

Nach Einsetzen in Gl. (46) ergibt sich die Eigengeschwindigkeit ($\operatorname{tg} 60^0 = \sqrt{3}$)

$$v = 28{,}9 \text{ m/sek} = 104{,}04 \text{ km/Stde}.$$

b) Gemessen v_1, v_2, β.

Die Geschwindigkeiten v_1 und v_2 werden hier ebenso ermittelt, wie unter a) angegeben. Die Bestimmung der „Abtrift“ β, also des Winkels zwischen Stoppstrecke und Flugzeuglängsachse geschieht am einfachsten in der Weise, daß der Beobachter über der Bodenöffnung des Flugzeuges einen Transporteur anbringt, dessen Null-Linie mit der Flugzeuglängsachse zusammenfällt und während des Fluges den Winkel markiert, unter dem die Stoppstrecke (Straße, Eisenbahn oder dgl.) unter dem Flugzeug hinwegzugleiten scheint. Bei Flugzeugen, in denen ein Kompaß eingebaut ist, kann die Abtrift mit Hilfe des Kompasses bestimmt werden. Es sollte sich bei Hin- und Rückflug der gleiche Winkel β ergeben (Abb. 20). Bei Abweichungen ist das arithmetische Mittel der beiden Werte zu nehmen.

Zur Berechnung von v dient dann die Formel

$$v = \frac{v_1 + v_2}{2} \cdot \frac{1}{\cos \beta} \qquad \ldots \ldots \quad (47)$$

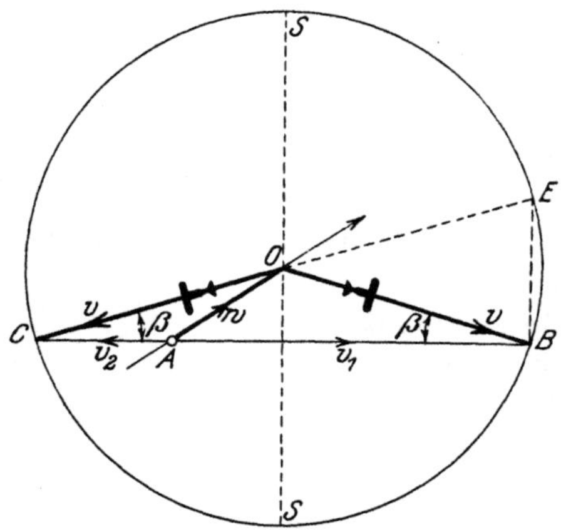

Abb. 20.

Diese Gl. ergibt sich am einfachsten so: Man verlängere (Abb. 20) CO über O hinaus bis zum Schnitt E mit dem Kreise, dann ist das Dreieck CEB bei B rechtwinkelig (der Winkel im Halbkreise ist ein rechter), und da (der Größe nach) $\overline{CE} = 2v$, $\overline{CB} = v_1 + v_2$, so ist

$$2v \cos \beta = v_1 + v_2,$$

woraus Gl. (47) unmittelbar folgt.

Die zeichnerische Ermittelung von v zeigt Abb. 20. Man trägt an einem Ende der Strecke $\overline{CB} = v_1 + v_2$ den Winkel β auf, verlängert den zweiten Winkelschenkel bis zum Schnitte O mit der Streckensymmetrale SS von $\overline{CB}$ und erhält in den Strecken $\overline{OB}$ und $\overline{OC}$ Größe und Richtung der Eigengeschwindigkeit v beim Hin- und Rückflug über die Stoppstrecke. — $\overline{AO}$ gibt die Windgeschwindigkeit w der Größe und Richtung nach.

Beispiel 18: $s = 4000$ m, t_1, t_2 wie im Beispiel 17,
$\beta = 25^0$,

es ist zunächst wie oben

$$v_1 = 33{,}3 \text{ m/sek},$$
$$v_2 = 14{,}8 \text{ m/sek}$$

und aus (47), da $\cos 25^0 = 0{,}906$, folgt die Eigengeschwindigkeit

$$v = \frac{33{,}3 + 14{,}8}{2 \cdot 0{,}906} = 26{,}6 \text{ m/sek}.$$

c) Gemessen v_1, v_2, v_3 für zwei zueinander senkrechte Stoppstrecken in folgender Weise: Außer der Stoppstrecke s, die wie in a) und b) in beiden Richtungen abgeflogen wird (absolute Geschwindigkeiten $v_1 = \frac{s}{t_1}$ und $v_2 = \frac{s}{t_2}$), muß noch eine darauf senkrechte Strecke s_3 abgesteckt sein. Bestimmt man die absolute Geschwindigkeit v_3 in dieser dritten Richtung in analoger Weise durch $v_3 = \frac{s_3}{t_3}$, wenn t_3 die zum Abfliegen notwendige Zeit ist, so kann aus v_1, v_2 und v_3 die Eigengeschwindigkeit v ermittelt werden nach der Formel:

$$v = \frac{1}{2\,v_3} \sqrt{(v_1^2 + v_3^2)(v_2^2 + v_3^2)} \quad . \; . \; . \quad (48)$$

Zur Ableitung dieser Gl. beachten wir, daß die Seiten des Dreiecks BCD (Abb. 21) folgende Werte haben:

$$\overline{BC} = v_1 + v_2, \qquad \overline{BD} = \sqrt{v_1^2 + v_3^2}, \qquad \overline{CD} = \sqrt{v_2^2 + v_3^2},$$

es folgt daher nach dem Kosinussatz für die Seite $\overline{BC}$ im Dreieck BDC:

$$\overline{BC}^2 = (v_1 + v_2)^2$$
$$= v_1^2 + v_3^2 + v_2^2 + v_3^2 - 2\sqrt{(v_1^2 + v_3^2)(v_2^2 + v_3^2)} \cdot \cos\gamma$$

und nach Streichung von $v_1^2 + v_2^2$ auf beiden Gleichungsseiten, Division durch 2 und Umstellung:

$$v_3^2 - v_1 v_2 = \sqrt{(v_1^2 + v_3^2)(v_2^2 + v_3^2)} \cdot \cos\gamma;$$

ferner ergibt sich aus dem Dreieck OBC:

$$2 \cdot v \cdot \sin(180 - \gamma) = v_1 + v_2,$$

also die gesuchte Eigengeschwindigkeit, da $\sin(180-\gamma) = \sin\gamma = \sqrt{1-\cos^2\gamma}$:

$$v = \frac{v_1+v_2}{2\sin\gamma} = \frac{v_1+v_2}{2} : \sqrt{1 - \frac{(v_3^2 - v_1 v_2)^2}{(v_1^2+v_3^2)(v_2^2+v_3^2)}},$$

woraus Gl. (48) unmittelbar folgt.

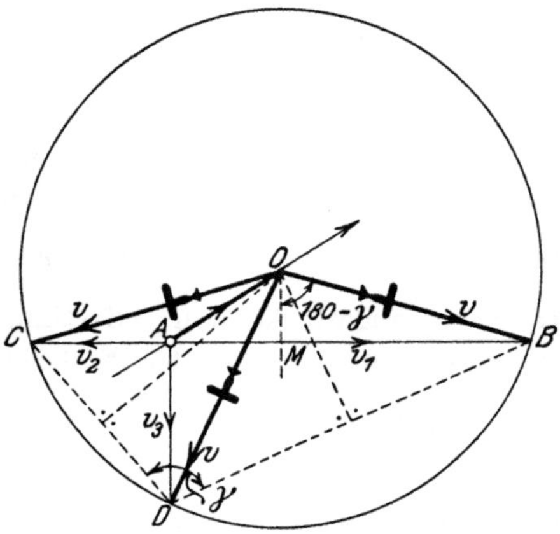

Abb. 21.

Diese Berechnungsart ist genauer als die vorhergehenden, weil eine Zeitmessung immer exakter ausgeführt werden kann, als die Messung der Abtrift oder der Windrichtung. Die zeichnerische Bestimmung von v geht aus Abb. 21 hervor. Vom Punkte A aus werden die Geschwindigkeiten v_1, v_2 und v_3 in den den Stoppstrecken entsprechenden Richtungen aufgetragen: $\overline{AB} = v_1$, $\overline{AC} = v_2$, $\overline{AD} = v_3$. Die Endpunkte B, C, D bestimmen ein Dreieck und der Radius des diesem Dreieck umschriebenen Kreises stellt die Eigengeschwindigkeit v dar. Die Strecke $\overline{AO} = w$ entspricht in Größe und Richtung der Windgeschwindigkeit. Die Geschwindigkeitsdreiecke ABO, ACO, ADO zeigen den Zusammenhang zwischen der Eigengeschwindigkeit, der absoluten und der Windgeschwindigkeit für die drei Flüge längs der Stoppstrecken.

d) Gemessen v_1, v_2, v_3 für ein Dreieck.

Will man die Eigengeschwindigkeit v des Flugzeuges mit Zuhilfenahme der scheinbaren Geschwindigkeiten v_1, v_2 und v_3 längs der Seiten s_1, s_2, s_3 eines Dreieckes finden, so ist es notwendig, zwischen den Flügen, entlang der Dreieckseiten, je eine entsprechende außen liegende Kurve einzuschalten, damit die Maßstrecken selbst geradlinig durchflogen werden. Nur bei sehr langen Strecken und scharfen Kurven genügt es, die

Zeitpunkte des Umfliegens der Ecken festzustellen. Der Zusammenhang zwischen v und v_1, v_2, v_3 läßt sich nur in erster Annäherung durch eine einfache Formel wiedergeben, und zwar gilt für geringe Unterschiede von v_1, v_2, v_3 untereinander die Gl.

$$v = \frac{v_1 s_1 + v_2 s_2 + v_3 s_3}{s_1 + s_2 + s_3} \quad \ldots \ldots \quad (49)$$

Die zeichnerische Ermittlung von v läuft wieder darauf hinaus, den Radius des dem Dreiecke BCD (siehe Abb. 22) umschriebenen Kreises zu finden, wobei B, C und D die Endpunkte der den Geschwindigkeiten in den drei Seiten des Dreiecks nach Größe und Richtung entsprechenden Strecken sind. Für einen bestimmten Flugplatz, der auch seine ein für allemal festgesetzten Stoppstrecken hat, läßt sich die graphische Ermittelung rasch und ziemlich genau durchführen. Es sind dabei auf den unter den Winkeln α_1, α_2 und α_3 schon vorgezeichneten Geraden, die den Geschwindigkeiten v_1, v_2, v_3 entsprechenden Strecken in genügend großem Maßstabe abzutragen, damit die Konstruktion des Punktes O auch die Geschwindigkeit v möglichst genau ergibt.

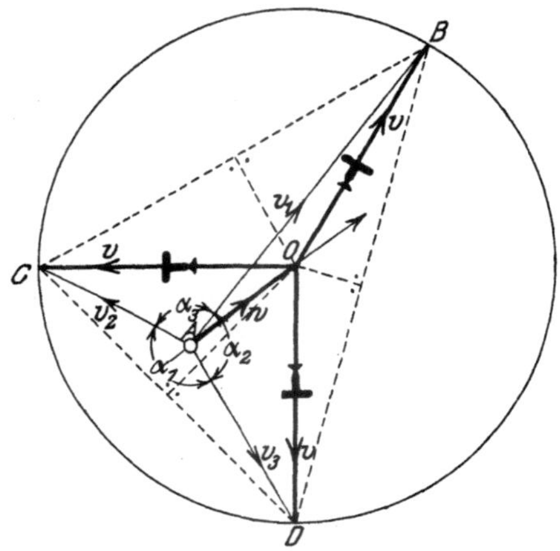

Abb. 22.

Es möge hierzu jedoch noch folgendes besonders angemerkt werden:

Es ist nicht unbedingt nötig, daß die 3 Stoppstrecken ein geschlossenes Dreieck bilden. Es genügt, wenn die 3 Strecken so ausgesteckt sind, wie es etwa die Abb. 23 zeigt; da es sich nur um die Geschwindigkeit längs dieser drei Richtungen handelt, so sind lediglich die für das Durchfliegen der Strecken BB', CC', DD' notwendigen Zeiten t_1, t_2, t_3 auf der Stoppuhr abzulesen und die entsprechenden Geschwindigkeiten in den

Richtungen dieser Stoppstrecken aufzutragen. Denn ob die Geschwindigkeit in einer Richtung (bei gleichförmigem Fluge) aus einer kürzeren oder längeren Strecke und der entsprechenden Zeit bestimmt wird, ist natürlich vollständig gleichgültig. Der dadurch erhaltene Mittelwert wird die Eigengeschwindigkeit allerdings um so genauer liefern, je länger die Stoppstrecke ist; es ist dabei jedoch zu bedenken, daß bei länger dauerndem Fluge die Beständigkeit der Windverhältnisse in geringerem Maße erwartet werden kann als bei kürzerem, so daß man gut tut, mit der Länge der Stoppstrecken nicht über ein gewisses Maß hinauszugehen. — Daß die wirkliche Ausführung solcher Stoppflüge große Geschicklichkeit der Piloten erfordert, ist klar. (Wie aus c) ersichtlich, genügen für diese Methode immer zwei zueinander geneigte Strecken, wenn die eine davon in beiden Richtungen durchflogen wird; die Konstruktion ist für c) und d) genau dieselbe.)

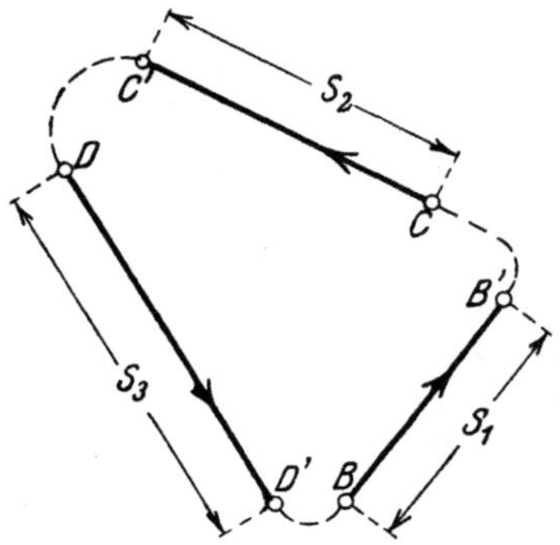

Abb. 23.

VII. Allgemeine Bewegung der Körper in der Ebene.

28. Zwanglauf, Beispiel des Kurbelgetriebes. Die bis jetzt betrachteten Bewegungsformen, das sind die Bewegungen in gerader Linie und im Kreise, sind wohl außerordentlich wichtige, aber doch nur besondere Fälle; sie haben den großen Vorzug, daß sich jedermann unmittelbar aus der alltäglichen Erfahrung eine zutreffende Vorstellung von ihnen machen kann.

Ganz anders ist es mit der Auffassung der allgemeinen Bewegung, die ein Körper in der Ebene (oder gar im Raume!) ausführen kann; hierfür gibt uns die unmittelbare Erfahrung nur eine unklare und ganz verschwommene Vorstellung, die nicht danach angetan ist, die auftretenden Gesetzmäßigkeiten unmittelbar erkennen zu lassen.

Wir wollen uns hier auch darauf beschränken, einige Bemerkungen über diese allgemeinere Bewegung des Körpers einzuschalten und nehmen als Schulbeispiel hierfür die Bewegung der **Schubstange** eines Flugmotors.

Die Bewegung der Schubstange ist dadurch bestimmt, daß einer ihrer Punkte A (Abb. 24) mittels der **Kurbel** OA in einem Kreis um den Wellenmittelpunkt O herumgeführt, ein zweiter durch den **Kolbenzapfen** (und **Kolben**) B in gerader Linie in derselben Ebene geführt wird. Durch die „**Führung**" dieser beiden Punkte der Schubstange ist auch die Bewegung jedes anderen Punktes, z. B. C derselben, bestimmt; es hat keine Schwierigkeit, die von diesem Punkte durchlaufene Bahnkurve aufzuzeichnen. Ganz allgemein gilt der Satz:

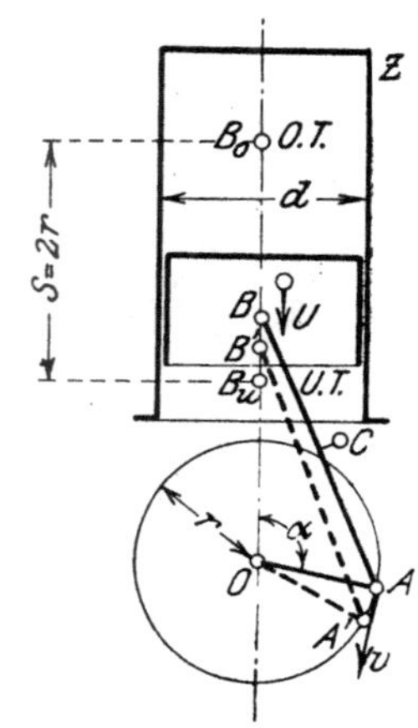

Abb. 24.

Wenn alle Punkte eines starren Körpers sich in parallelen Ebenen bewegen, so nennt man die Bewegung eine ebene Bewegung; eine solche ist vollständig bestimmt, wenn die Bahnen zweier Punkte des Körpers festgelegt werden.

Eine Bewegung von der Art der Bewegung der Schubstange, bei der jeder Punkt A, B, C . . . eine ganz bestimmte, eindeutig festgelegte Bahn durchläuft, nennt man eine **zwangläufige Bewegung**, oder kurz **Zwanglauf**. Für die Bewegungsübertragungen in der Technik kommen größtenteils solche zwangläufige Bewegungen in Betracht, sie werden durch die sog. **Getriebe** vermittelt.

Die ganze, aus Kurbel, Schubstange, Kolbenstange (wo sie vorhanden) und Kolben (mit den entsprechenden Führungen) bestehende Anordnung nennt man **Kurbelgetriebe**; es dient dazu, eine hin und her gehende Bewegung in eine drehende (oder umgekehrt) zu verwandeln.

29. Geschwindigkeiten beim Kurbelgetriebe. Geht beim Kurbelgetriebe (Abb. 24) der Kolben um eine kleine Strecke BB'

nach vorwärts, so wird auch A um ein ganz bestimmtes Stückchen AA' auf dem Kreise weitergewandert sein, AA' ist durch die Größe BB' vollständig bestimmt; auch die Geschwindigkeit v von A wird daher in fester Abhängigkeit zur Geschwindigkeit u von B stehen, eine Beziehung, die aber nicht so unmittelbar ersichtlich ist, wie die für eine der früher behandelten einfachen Bewegungen geltenden Gesetze.

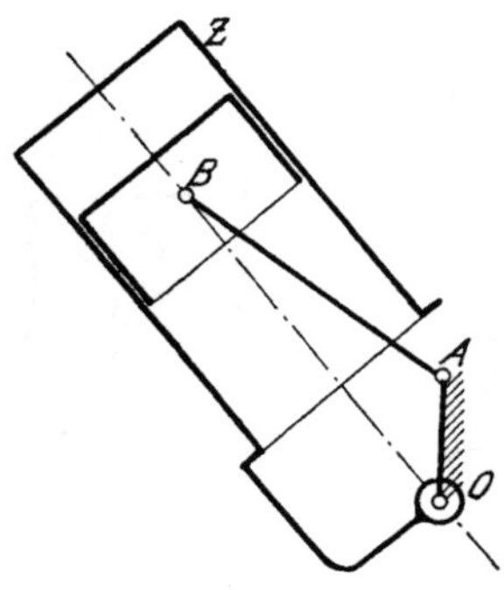

Abb. 25.

Wenn auch v unveränderlich ist, so macht doch der Punkt B eine hin und her gehende Bewegung mit stark veränderlicher Geschwindigkeit. Im oberen und unteren Totpunkt sind die Geschwindigkeiten 0, zwischen diesen (aber nicht genau in der Mitte) wird die Geschwindigkeit u je einmal beim Hin- und Rückgang einen größten Wert erreichen (er ist ein wenig größer als v); für verschiedene Stellungen der Kurbel, also verschiedene Winkel α, hat die Geschwindigkeit u verschiedene Werte.

Wir wollen hier nicht darauf eingehen, die genaue Formel für die veränderliche Geschwindigkeit u abzuleiten, wollen uns vielmehr darauf beschränken, das Verhältnis von v zur sog. mittleren Kolbengeschwindigkeit u_m (Punkt 16) anzuschreiben.

Nach Gl. (5) war die Drehgeschwindigkeit der Kurbel

$$v = \frac{r \pi n}{30}$$

und nach Gl. (22) die mittlere Kolbengeschwindigkeit, da $s = 2r$,

$$u_m = \frac{sn}{30} = \frac{2rn}{30}$$

also

$$\frac{u_m}{v} = \frac{2}{\pi} = 0{,}637\,,$$

$$u_m = 0{,}637 \cdot v\,; \qquad \ldots \ldots \quad (50)$$

die mittlere Kolbengeschwindigkeit ist daher nur etwa $^2/_3$ der Drehgeschwindigkeit der Kurbel.

Ferner wollen wir noch erwähnen, daß man aus dem Kurbelgetriebe in der in Abb. 24 gegebenen Form andere Getriebeformen ableiten kann, die gleichfalls im Flugmotorenbau Verwendung finden. Wenn nämlich der Zylinder Z an der Welle O drehbar gemacht und die Kurbel OA festgehalten wird, erhält man die beim Rotationsmotor (Gnom) verwendete Anordnung (Abb. 25).

B. Statik.

VIII. Über die Begriffe Kraft und Masse.

30. Ursprung des Kraftbegriffes. Als einer der allerwichtigsten Begriffe der technischen Mechanik ist der der Kraft anzusehen; er ist aus dem Gefühle der Anstrengung hervorgegangen, die wir beim Heben einer Last oder der Überwindung irgendeines Widerstandes fühlen; die größere oder kleinere Anstrengung, die wir dabei empfinden, kann als das erste, allerdings noch wenig exakte Maß der Kraft angesehen werden. Indem man an Stelle dieses ganz unbestimmten Maßes, das uns unser Muskelgefühl gibt, im Falle der zu hebenden Last das Gewicht des betreffenden Körpers setzte und die anderen auftretenden Kräfte mit dem Gewichte mit Hilfe der Wage verglich, erhielt man die Grundlage für eine genauere, zahlenmäßige Verfolgung der Erscheinungen, die sich unter der (unmittelbar ersichtlichen oder verborgenen) Mitwirkung von Kräften abspielen.

Damit kommen wir auf eine Wahrnehmung zu sprechen, für die ebenfalls die unmittelbare Erfahrung des täglichen Lebens den Anlaß gegeben hat. Wir wissen aus mannigfachen Beispielen, daß der Bewegungszustand eines Körpers durch die Anwesenheit anderer Körper beeinflußt werden kann. In vielen Fällen ist dieser Einfluß ohne weiteres verständlich, natürlich insbesondere dann, wenn eine Berührung zwischen den Körpern stattfindet. Jedem derartigen Einflusse kann man ebenfalls durch eine Kraft Rechnung tragen.

Z. B. fällt jeder Körper, der nicht in irgendeiner Weise unterstützt wird, frei zur Erde herab. Wird dieses Fallen dadurch behindert, daß man den Körper auf einen Tisch oder dergleichen legt, so sagt man, der Körper drückt auf den Tisch, und da das Gewicht durch die Unterstützung unwirksam gemacht wird, so müssen wir die Größe des Druckes seinem Gewichte gleichsetzen.

31. Maß der Kraft, Kilogramm. Um mit den Kraftwirkungen, die wir auf allen Gebieten der Technik vor Augen haben, rechnen zu können, müssen wir die auftretenden Kräfte messen, also ihre Größe irgendwie angeben können.

Jedes Messen ist ein Vergleichen. Um irgendeine andere Kraft (ein Gewicht, eine Federkraft, den Gasdruck im Zylinder eines Motors, den Luftwiderstand u. dgl. m.) zahlenmäßig anzugeben, müssen wir eine bestimmte Einheit für die Kraft wählen; als solche wählen wir in der Technik (wie auch im täglichen Leben) das Kilogramm (kg), d. i. das Gewicht eines Metallstückes von bestimmter Größe, das in Paris aufbewahrt wird und von dem alle Staaten getreue Kopien besitzen; 1 kg ist auch das Gewicht von 1 dm³ reinen Wassers bei 4⁰ C.

Außer dem kg haben noch Teile und Vielfache davon besondere Namen erhalten, z. B.

0,001 kg = 1 Gramm = 1 g,
0,01 „ = 1 Dekagramm = 1 dkg,
100 „ = 1 Meterzentner,
1000 „ = 1 Tonne = 1 t,
10000 „ = 1 Waggon = 10 t.

Wie schon oben erwähnt, ist das Hilfsmittel, dessen man sich zum Messen der Kräfte bedient, die Wage (Hebelwage Federwage).

Die Kraft ist also ein Begriff besonderer Art, sie ist das dritte Glied des technischen Maßsystems, von dem wir in Punkt 6 gesprochen haben. Die Dimension für die Kraft ist das kg, also in der oben verwendeten Bezeichnung:

$$[\text{Kraft}] = [\text{kg}].$$

32. Arten der Kräfte. Man unterscheidet verschiedene Arten von Kräften, die alle in dem gemeinsamen Maß, in kg, gemessen werden können: Treibende Kräfte (z. B. Federn,

Gasdruck, Gewichte usw.), Widerstandskräfte (Reibung, Luftwiderstand u. dgl.), Unterstützungskräfte, das sind solche, die wir bei jeder Berührung zweier Körper annehmen müssen, mögen diese ruhen oder sich bewegen (Druck der Unterlagen oder Unterstützungen, die sog. „Auflagerdrücke der Träger“ u. dgl.), Massenkräfte, das sind Kräfte, die erst bei ungleichförmigen oder krummlinigen Bewegungen ins Spiel kommen (z. B. Zentrifugalkräfte).

Die Kräfte der genannten Arten faßt man zusammen unter der Bezeichnung äußere Kräfte.

Diese Einteilung ist jedoch keineswegs als strenge Scheidung anzusehen, sondern ist lediglich aus praktischen Rücksichten hervorgegangen; so können z. B. Luftkräfte einmal wenn sie zum Antrieb einer Windmühle dienen, als treibende Kräfte angesprochen werden, während dieselben Luftkräfte bei einer schnellfahrenden Lokomotive oder einem Kraftwagen als (schädliche) Widerstandskräfte zu bezeichnen wären; in der Flugtechnik treten die Luftkräfte als „Auftrieb“ und „Widerstand“ in beiden Formen, als treibende und als widerstehende Kräfte, auf.

Eine zweite Gattung von Kräften stellen die sog. inneren Kräfte oder Spannungen dar, die den inneren Zusammenhang der Körperelemente beschreiben und zur Verfolgung aller Erscheinungen dienen sollen, die die „Anstrengung des Materials“, die „Elastizität und Festigkeit“ u. dgl. betreffen; sie werden in der „Elastizitäts- und Festigkeitslehre“ eingehend behandelt.

33. Dynamische Wirkung der Kraft, Masse. Die in Punkt 31 besprochene Bestimmung der Größe einer Kraft mittels der Wage gibt noch keinerlei Aufschluß darüber, welche Wirkung eine solche Kraft (Schwerkraft Gummiband, Feder, Gasdruck) auf einen Körper, der sich bewegen kann, hervorbringt. Es zeigt sich durch die Erfahrung, daß jede derartige Einwirkung eine Änderung des Bewegungszustandes des Körpers bedingt.

Die Bewegungsänderung (Beschleunigung), die z. B. eine Feder an einem Körper hervorbringt, ist erfahrungsgemäß zunächst durch die Größe der Federkraft (Anspannung der Feder) bedingt, und zwar ist sie dieser Kraft (P kg) direkt proportional. Dies wird durch einen Versuch bestätigt, bei dem man die Feder (unter möglichster Ausschaltung aller Widerstände) auf den Körper wirken läßt und die entsprechende Beschleunigung mißt; bringt man dann auf den gleichen Körper 2, 3 ... solcher Federn an, so beobachtet man, daß die entsprechenden Beschleunigungen die 2-, 3- ... fachen der zuerst erhaltenen sein werden.

Nun ändern wir den Versuch in der Weise ab, daß wir ein und dieselbe Feder nehmen, aber die Stoffmenge des Körpers (z. B. die Eisenmenge) verändern. Man beobachtet dann, daß mit zunehmender Menge die entstehende Beschleunigung abnimmt, und zwar ist die Beschleunigung der Stoffmenge verkehrt proportional. Aus beiden Versuchen folgt unmittelbar die Beziehung

$$P = M \cdot b, \qquad (51)$$

wobei M eine Größe ist, die der Stoffmenge des Körpers, also natürlich auch dessen Gewicht proportional ist, aber doch nicht mit dem Gewicht identisch sein kann; denn sonst hätte diese Gl. keinen Sinn, da eine Kraft (P) nicht dem Produkt einer Kraft (Gewicht) und einer Beschleunigung gleich sein kann (weil dann auf beiden Gleichungsseiten nicht Glieder mit der gleichen Dimension stehen würden). Die Größe M wird die Masse des Körpers genannt; sie ist eine dem betreffenden Körper eigentümliche Zahl, deren Dimension aus (51) unmittelbar folgt, da

$$M = \frac{P}{b}, \qquad (52)$$

also

$$[\text{Masse}] = \frac{[\text{Kraft}]}{[\text{Beschleunigung}]} = \left[\frac{\text{kg}}{\text{m/sek}^2}\right] = \left[\frac{\text{kg.sek}^2}{\text{m}}\right]. \qquad (53)$$

Die Masse ist also aus den anderen Größen abgeleitet (ähnlich wie z. B. Geschwindigkeit aus Weg und Zeit usw.).

Was den Zusammenhang der Masse M mit dem Gewicht G des Körpers betrifft, so erinnern wir uns daran, daß die „Schwerkraft“, d. i. ja das Gewicht, allen Körpern (an einem bestimmten Punkt der Erdoberfläche) dieselbe Beschleunigung $g = 9{,}81\ \text{m/sek}^2$ erteilt; wir erhalten daher die gleichfalls wichtige Beziehung:

$$G = M \cdot g, \qquad (54)$$

d ie gleichzeitig die Art und Weise angibt, wie Gewicht und Masse eines Körpers zusammenhängen.

Als Einheit der Masse werden wir folgerichtig jene Stoffmenge ansprechen, die durch 1 kg die Beschleunigung 1 m/sek^2 erhält.

Da das Gewicht G dem Körper nicht die Beschleunigung 1, ondern $g = 9,81$ m/sek^2 erteilt, so hat ein 9,81 kg schwerer Körper die Masse $1 \frac{\text{kg.sek}^2}{\text{m}}$, denn nach Gl. 54 ist $M = 1$ für $G = 9,81$ kg und $g = 9,81$ m/sek^2; ein Körper, der 1 kg schwer ist, hat die Masse $\frac{1}{9,81} \doteq \frac{1}{10}$.

Diese Gl. (51) (das sog. II. dynamische Grundgesetz) wurde von Newton (1686) aufgestellt und bildet die Grundlage der ganzen Entwicklung der Mechanik. Es besagt: Durch die Größe der einwirkenden Kraft und die Masse des Körpers, auf den sie wirkt, ist dessen Beschleunigung völlig bestimmt; die Beschleunigung ist proportional der Kraft und verkehrt proportional der Masse und erfolgt in der Richtung der einwirkenden Kraft.

Von der Tatsache, daß die Masse einen vom Gewichte völlig verschiedenen physikalischen Begriff darstellt, kann man sich durch folgende einfache Versuche unmittelbar überzeugen:

Zum Heben zweier gleicher Lasten G, G muß ihr Gewicht überwunden werden, was wir durch die Muskelanstrengung wahrnehmen können. Knüpft man beide Gewichte an die Enden einer Schnur und führt diese um eine Rolle (Abb. 26), so widerstehen sie jeder Bewegungsänderung (Beschleunigung) nur durch ihre Masse. Wollen wir beide Massen z. B. im Sinne des Pfeiles in Bewegung setzen, so empfinden wir deutlich die Kraft, die wir dazu aufwenden müssen, und die Anstrengung wird um so größer sein, je rascher wir die Körper in Bewegung setzen wollen. — Oder: ein großes Gewicht, an einem Faden als Pendel (Abb. 27) aufgehängt, kann mit geringer Mühe in einer

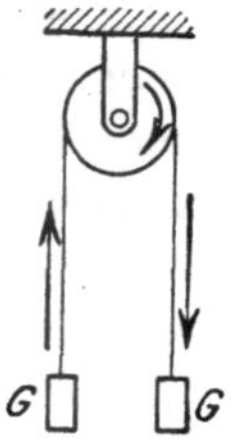

Abb. 26.

Abb. 27.

kleinen Fadenablenkung neben der Gleichgewichtslage erhalten werden; die Kraft, die (bei kleiner Ablenkung) das Pendel in die Gleichgewichtslage zurückzieht, ist sehr gering; trotzdem empfinden wir einen bedeutenden Widerstand, wenn wir das Gewicht rasch bewegen oder anhalten wollen.

Die Masse ist also, obwohl dem Gewichte proportional, doch ein vom Gewichte verschiedenes bewegungsbestimmendes Merkmal; sie hängt von der stofflichen Beschaffenheit des Körpers ab und ist eine jedem Körper eigentümliche feste Größe. —

Die Klarstellung des begrifflichen Unterschiedes zwischen Gewicht und Masse hat in der Geschichte der Physik und Mechanik zu zahllosen Untersuchungen Anlaß gegeben und bietet zweifellos große Schwierigkeiten dar.

34. Die 3 Grundgesetze der Mechanik. Aus Gl. (51) sehen wir, daß jede Wirkung einer Kraft auf einen Körper, der sich überhaupt bewegen kann, begleitet ist von einer Bewegungsänderung, d. h. einer Änderung der Geschwindigkeit oder der Richtung der Bewegung oder beider; das in dieser Gl. ausgedrückte Gesetz ist eines von den Grundgesetzen der Mechanik (Dynamik).

Weiter gehört zu den Grundgesetzen das sog. Trägheits- oder Beharrungsgesetz, das dem Falle entspricht, in dem keinerlei äußere Kräfte auf den Körper einwirken oder in dem alle einwirkenden Kräfte sich gegenseitig aufheben; setzen wir in Gl. (51) $P = 0$, so folgt auch $b = 0$, d. h. der Bewegungszustand des Körpers ändert sich nicht: er bleibt in Ruhe, wenn er in Ruhe war, oder bewegt sich gleichförmig weiter, wenn er in gleichförmiger Bewegung begriffen war; dieser Satz ist offenbar ein besonderer Fall des zuvor Erwähnten.

Einer sich gleichförmig bewegenden Masse wohnt also das Bestreben inne, diese ihre Bewegung beizubehalten; die gleichförmige Bewegung bezeichnet man daher auch als Trägheitsbewegung.

Wenn man bemerkt, daß ein Körper wohl äußeren Kräften ausgesetzt ist, diese aber keinerlei Bewegungsänderung an dem Körper hervorrufen, so sagt man, der Körper ist im Gleichgewichte, ein Fall, der uns später noch eingehend beschäftigen wird (z. B. ein Flugzeug in geradem Fluge unter dem

Einfluß von Gewicht, Zug der Luftschraube, Luftwiderstand und Auftrieb).

Wir stellen die zwei Sätze nochmals zusammen:

I. Ein Körper, auf den entweder keine Kräfte einwirken oder bei dem sich die einwirkenden Kräfte gegenseitig aufheben, beharrt in seiner Bewegung.

II. Die Beschleunigung, die ein Körper durch eine einwirkende Kraft erfährt, ist dieser Kraft direkt und der Masse verkehrt proportional (Gl. 51).

Diese Sätze können durch die Erfahrung nur angenähert bewiesen werden, da es uns unmöglich ist, alle Widerstände, Luftwiderstand, Reibung u. dgl. vollständig auszuschalten.

Das dritte Gesetz bezieht sich auf den Umstand, daß die auf einen Körper K_1 einwirkende Kraft immer von anderen Körpern K_2 (usw.) herrührt; dann sagt das Gesetz aus, daß stets auch die gleiche Kraft von K_1 auf K_2 ausgeübt wird: jeder Kraft entspricht stets eine gleich große Gegenkraft. Wenn sich also zwei Körper aneinander stützen, so wirken die beiden Körper aufeinander mit gleich großen, entgegengesetzt gerichteten Kräften; dieses „Gesetz der Wechselwirkung“ lautet also:

III. Jeder Wirkung entspricht eine gleich große Gegenwirkung (Prinzip von Aktion und Reaktion).

Beispiele: Ein an einem Seil aufgehängtes Gewicht, das naturgemäß vertikal nach unten wirkt, bringt in dem Seil einen gleich großen nach oben gerichteten Zug hervor; würde man das Seil durchschneiden, so müßte man durch die Hand eine dem Gewichte gleiche Kraft ausüben, um die Wirkung des Seiles zu ersetzen. Ähnlich bei einem Gewicht auf einer Tischplatte. Ferner: Die Anziehung der Erde gegen die Sonne ist gleich und entgegengesetzt der Anziehung der Sonne gegen die Erde zu usw.

35. Einheitsgewicht, Dichte. Unter dem Einheitsgewicht γ oder spezifischem Gewicht eines Körpers versteht man das Gewicht von 1 m³ Rauminhalt.

Wenn ein (homogen gedachter) Körper den Rauminhalt V m³ und das Gesamtgewicht G kg hat, so folgt

$$G = V \cdot \gamma, \qquad \gamma = \frac{G}{V} \text{ kg/m}^3 \quad . \quad . \quad . \quad (54)$$

Unter der Dichte μ versteht man die Masse von 1 m^3 Rauminhalt.

Wenn der Körper (Gewicht G) die Gesamtmasse M hat, so ist daher

$$M = V \cdot \mu, \qquad \mu = \frac{M}{V}; \quad . \quad . \quad . \quad . \quad (55)$$

da $G = M \cdot g$, so folgt

$$\gamma = \frac{G}{V} = \frac{M}{V} \cdot g = \mu \cdot g \quad . \quad . \quad . \quad . \quad . \quad (56)$$

oder

$$\mu = \frac{\gamma}{g} \left(\frac{\text{kg}\,.\,\text{sek}^2}{\text{m}^4}\right), \quad . \quad . \quad . \quad . \quad . \quad (57)$$

d. h. aus dem Einheitsgewicht erhält man die Dichte durch Divison durch g. Für die in dieser Gl. angegebene Dimension ist natürlich γ in kg/m^3 einzusetzen!

Als Zahlenwerte des Einheitsgewichtes und zwar ausgedrückt in kg/dm^3, seien hier nur angegeben:

Stoff	γ kg/dm^3
Wasser	1
Metalle:	
Aluminium	2,6
Roheisen	6,7 bis 7,8
Gußeisen	7,25
Stahl	7,85 „ 7,87
Kupfer	8,9 „ 9,0
Messing	8,4 „ 8,7
Kautschuk (verarbeitet)	1,0 „ 2,0
Hölzer trocken:	
Ahorn	0,53 „ 0,81
Eiche	0,69 „ 1,03
Esche	0,57 „ 0,94
Tanne	0,37 „ 0,75
Flüssigkeiten:	
Benzin	0,66 bis 0,75 (Fliegerbenzin: 0,66)
Öl	etwa 0,92

Weiter sei hier noch besonders angeführt:

Das Gewicht von 1 m^3 Luft von 0^0 C und normalem Druck (760 mm Quecksilber) ist

$$\gamma = 1{,}293 \text{ kg/m}^3$$

und daraus die Dichte nach Gl. (57):

$$\mu = \frac{1{,}293}{9{,}81} \doteq \frac{1}{8} \left(\frac{\text{kg.sek}^2}{\text{m}^4}\right).$$

Nach diesen Vorbereitungen können wir nunmehr zu den Gesetzen für die Zusammensetzung von Kräften und für das Gleichgewicht übergehen.

IX. Zusammensetzung von Kräften in der Ebene. Gleichgewicht.

36. Darstellung der Kraft durch eine Strecke. Für jede Kraft lassen sich, wie man aus den angegebenen Beispielen sofort sieht, folgende Kennzeichen angeben:

a) eine bestimmte Wirkungslinie (Zug der Feder u. dgl.);

b) ein bestimmter Sinn in dieser Linie (nach rechts oder links);

c) eine bestimmte Größe in kg.

Ein geometrisches Bild, das alle diese drei Kennzeichen in sich vereinigt, ist die Strecke mit Pfeil, wie wir sie schon in Abschnitt A für die Darstellung der Geschwindigkeit fortgesetzt verwendet haben. Die drei Kennzeichen der Kraft: Wirkungslinie, Sinn (Pfeil) und Größe finden wir durch die Strecke versinnbildlicht.

Bezüglich der Größe der Kraft, die in kg ausgedrückt wird und als Länge der Strecke erscheint, ist wieder nötig, einen bestimmten Maßstab zu wählen, der sich nach der verfügbaren Zeichenfläche und den Maßzahlen der Kräfte richtet; z. B. werde gewählt

$$100 \text{ kg} = 1 \text{ cm der Zeichnung},$$

dann wird eine Kraft von 500 kg durch eine Strecke von 5 cm Länge dargestellt. —

Wir wollen noch auf die Tatsache hinweisen, daß man jede Kraft in ihrer eigenen Wirkungslinie unter Beibehaltung ihres Sinnes beliebig verschieben kann, mit anderen Worten, daß der sog. Angriffspunkt etwas Unwesentliches darstellt; dies beruht auf unserer Voraussetzung des starren

Körpers, für den sich tatsächlich in diesem Sinne die Unabhängigkeit der Kraftwirkung vom Angriffspunkt herausstellt.

Bei unseren Betrachtungen wollen wir voraussetzen, daß alle Kräfte, mithin auch alle diese darstellenden Strecken in einer Ebene liegen; man spricht dann von einer ebenen Kräftegruppe.

37. Parallelogrammgesetz der Kräfte. Die Zusammensetzung der Kräfte beruht auf folgendem Satz, dessen Richtigkeit gleichfalls durch Versuche festgestellt worden ist:

Wenn auf einen Körper gleichzeitig 2 Kräfte P_1 und P_2 einwirken, die in den Wirkungslinien g_1 und g_2 liegen, so können sie ersetzt werden durch eine einzige Kraft, die durch die vom Ausgangspunkt ausgehende Diagonale des Parallelogramms gegeben ist das man über die 2 Kräfte als Seiten errichten kann.

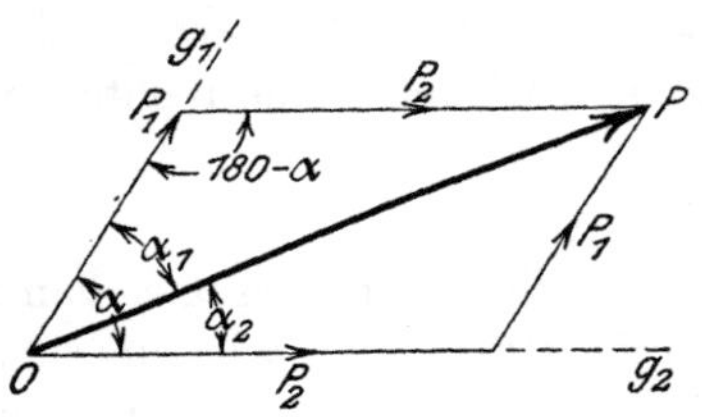

Abb. 28.

Diese Ersatzkraft nennt man die Mittelkraft (auch Summenkraft oder Resultierende), die Einzelkräfte P_1, P_2 die Teilkräfte (Komponenten).

Die Diagonale OP stellt also die Mittelkraft P nach Größe, Richtung und Sinn dar.

Wenn die Größe von P_1 und P_2 und der eingeschlossene Winkel α (Abb. 28) bekannt sind, so können die Größe und Lage, d. i. die Winkel $\sphericalangle P_1OP = \alpha_1$, $\sphericalangle P_2OP = \alpha_2$ auch berechnet werden.

Die Größe von P liefert der Kosinussatz:

$$P^2 = P_1{}^2 + P_2{}^2 - 2\,P_1P_2 \cos(180 - \alpha)\,,$$

und da $\cos(180 - \alpha) = -\cos\alpha$, folgt nach Ziehen der Quadratwurzel

$$P = \sqrt{P_1{}^2 + P_2{}^2 + 2\,P_1P_2\cos\alpha} \quad . \quad . \quad . \quad (58)$$

Die Winkel folgen aus dem Sinussatz

$$\frac{P_1}{\sin\alpha_2} = \frac{P_2}{\sin\alpha_1} = \frac{P}{\sin\alpha}:$$

$$\left.\begin{aligned} \sin\alpha_1 &= \sin\alpha\,\frac{P_2}{P} \\ \sin\alpha_2 &= \sin\alpha\,\frac{P_1}{P} \end{aligned}\right\} \alpha_1 + \alpha_2 = \alpha \quad . \quad . \quad . \quad (59)$$

Nun kann noch der Fall eintreten, daß die Wirkungslinien der Kräfte in eine Gerade zusammenfallen.

Haben dann die beiden Kräfte P_1 und P_2 (Abb. 29) gleichen Sinn, so ist die Größe der Mittelkraft offenbar

$$P = P_1 + P_2 ; \quad . \quad . \quad . \quad . \quad . \quad (60)$$

die Richtung der Mittelkraft fällt mit der der Teilkräfte zusammen.

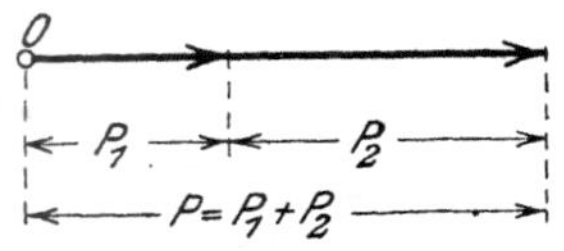

Abb. 29.

Ist der Sinn der beiden Kräfte P_1 und P_2 entgegengesetzt (Abb. 30), so ist die Größe der Mittelkraft

$$P = P_1 - P_2 \quad . \quad . \quad . \quad . \quad . \quad (61)$$

und P weist nach der Seite der größeren Kraft hin, siehe Abb. 30 a) b).

Diese beiden Fälle faßt man zusammen, indem man sagt, die Mittelkraft zweier (oder mehrerer) Kräfte in derselben Wirkungslinie ist die algebraische Summe der Teilkräfte.

(In diesen wie auch in allen folgenden Fällen müssen wir immer annehmen, daß die bezüglichen Kräfte an einem Körper angreifen, dessen Gestalt jedoch ganz beliebig ist. In allen Abbildungen sind diese Körper, die wir uns immer hinzuzudenken haben, fortgelassen.)

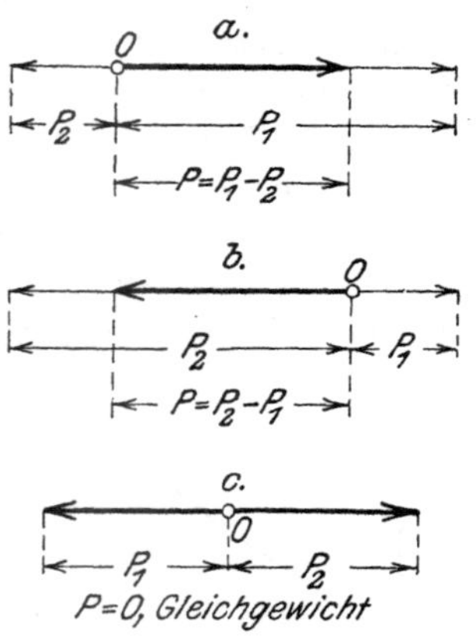

Abb. 30.

38. Gleichgewicht zweier Kräfte. Wenn die beiden in einer Geraden liegenden Kräfte P_1 und P_2 entgegengesetzten Sinn haben und gleich groß sind, also $P_1 = P_2$, so folgt nach Gl. (61): $P = 0$, d. h. die Mittelkraft ist 0, die beiden Kräfte P_1 und P_2 heben sich auf; dies ist der Fall des Gleichgewichts. Wenn also

$$P_1 = P_2, \qquad P = 0, \ \ldots \text{ Gleichgewicht}, \quad . \quad (62)$$

so erhalten wir den

Satz: Zwei Kräfte halten sich dann und nur dann Gleichgewicht, wenn sie in derselben Wirkungslinie liegen, gleich groß sind und entgegengesetzten Sinn haben.

Z. B. beim normalen horizontalen Flug ist das lotrecht nach unten wirkende Gewicht G eines Flugzeuges gleich dem lotrecht nach oben wirkenden Auftrieb A der Tragflächen, der wagrecht nach vorne wirkende Zug Z der Luftschraube gleich dem Widerstande W des Flugzeuges (Abb. 31).

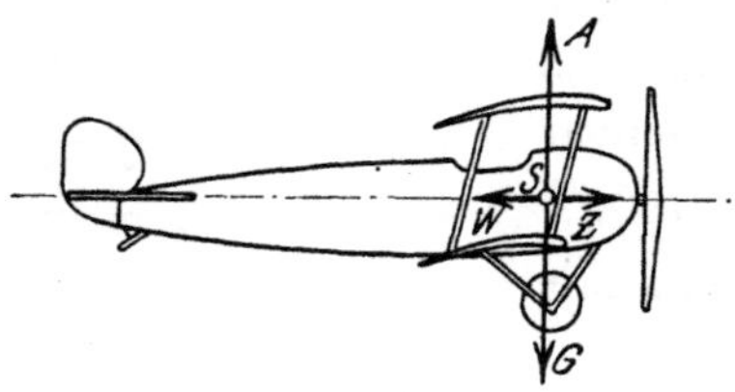

Abb. 31.

39. Zerlegung einer Kraft in 2 Teilkräfte. Das Parallelogrammgesetz der Kräfte gibt sofort das Mittel an, eine Kraft P in 2 Teilkräfte zu zerlegen, deren Richtungen g_1, g_2 (Abb. 28) bekannt sind — eine Aufgabe, die in der Statik fortgesetzt vorkommt.

Wie aus Abb. 28 unmittelbar ersichtlich, werden die Teilkräfte P_1 und P_2 dadurch erhalten, daß man durch den Endpunkt von P Parallele zu g_2 bzw. g_1 zieht.

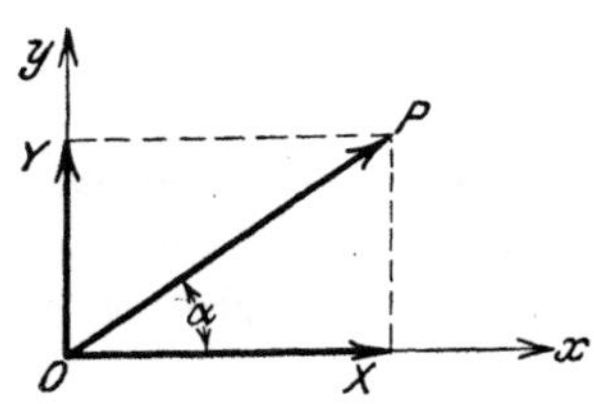

Abb. 32.

Durch diese Teilkräfte, deren Wirkungslinien sich also auf P schneiden und die P zur geometrischen Summe haben, wird die gegebene Kraft vollständig ersetzt.

Besonders wichtig ist die Zerlegung nach 2 zueinander senkrechten Teilkräften X und Y (Abb. 32). Wenn $\sphericalangle POX = \alpha$, so folgt

$$\left.\begin{aligned} X &= P\cos\alpha, \\ Y &= P\sin\alpha \end{aligned}\right\} \quad \ldots \ldots \quad (63)$$

und daraus

$$P = \sqrt{X^2 + Y^2}, \quad \ldots \ldots \quad (64)$$

$$\operatorname{tg}\alpha = \frac{Y}{X}. \quad \ldots \ldots \quad (65)$$

40. Mehrere Kräfte durch denselben Punkt, Krafteck. Nach dem soeben Gesagten ist nun auch unmittelbar ersichtlich, wie beliebig viele durch einen Punkt hindurchgehende Kräfte zu einer Mittelkraft vereinigt werden. Wir unterscheiden hierbei zwei Verfahren, je nachdem wir durch Zeichnung (graphisch) oder durch Rechnung zum Ziele zu kommen suchen; diese zwei Gesichtspunkte ziehen sich durch die gesamte Statik hindurch. Die zeichnerische Methode ist mit allen Unvollkommenheiten der Zeichnung behaftet, also ihrem Wesen nach ungenau, dafür übersichtlich und rasch zum Ziele führend, die Rechnung dagegen umständlicher, dafür aber genau.

a) Zeichnerisch. Wenn z. B. die Kräfte $P_1 \dots P_4$ in Abb. 33 zu einer Mittelkraft zusammenzusetzen sind, so könnte man zunächst die Mittelkraft etwa von P_1 und P_2 suchen, dazu P_3 fügen usf. bis alle Kräfte vereinigt sind. Übersichtlicher

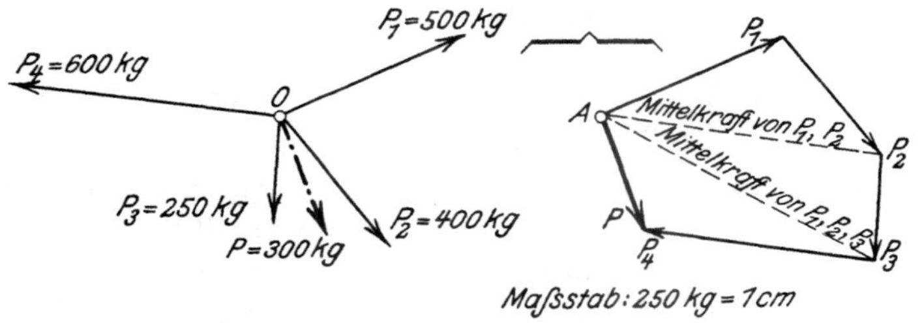

Abb. 33.

geschieht die Ermittelung der Mittelkraft mit Hilfe des Kraftecks (Kräftepolygon) in folgender Weise:

Man trage von einem seitlich willkürlich gewählten Punkt A (Abb. 33) die Kräfte nacheinander in der Weise auf, daß jede folgende an den Endpunkt der vorhergehenden angesetzt wird und ihr Sinn von jenem Endpunkt weggerichtet ist. Die Strecke vom Anfangspunkt A der ersten bis zum Endpunkt der letzten gibt dann die Mittelkraft P nach Größe und Sinn; ihre Wirkungslinie geht jedoch wieder durch O hindurch, da alle Teilkräfte durch O liefen. Man hat also P aus dem Krafteck in die linksstehende Figur zu übertragen und erhält so die gesuchte Mittelkraft.

Es ist unnötig, in den linksstehenden Lageplan die Kräfte maßstäblich einzutragen, man schreibt einfach, wie es in der Abbildung geschehen ist, die Größen in Zahlen hin, z. B. $P_1 = 500$ kg, $P_2 = 400$ kg, $P_3 = 250$ kg, $P_4 = 650$ kg; die maßrichtige Auftragung geschieht erst im Krafteck.

Aus der ganzen Entstehung des Kraftecks ist ersichtlich, daß das Ergebnis von der Reihenfolge der Kräfte bei der Zusammenfügung vollständig unabhängig ist.

Man nennt diese Art der Aneinanderreihung auch die geometrische Addition, die Mittelkraft die geometrische Summe der Teilkräfte. In Zeichen:

$$\overline{P} = \overline{P_1} + \overline{P_2} + \overline{P_3} + \overline{P_4}$$

und allgemein

$$\overline{P} = \Sigma \overline{P_i} \qquad (66)$$

Durch den darübergesetzten Strich wird angedeutet, daß P eine Strecke und die Summe im geometrischen Sinne zu verstehen ist.

Aus der Abb. 33 ist auch sogleich zu ersehen, daß die Strecke $\overline{AP_2} = \overline{P_1} + \overline{P_2}$, $\overline{AP_3} = \overline{P_1} + \overline{P_2} + \overline{P_3}$ ist.

b) Rechnerisch. Das in Punkt 37 angegebene Verfahren wäre für mehr als 2 Kräfte viel zu umständlich, man verwendet vielmehr ein anderes, das alle Kräfte vollständig gleichmäßig behandelt und das den Vorzug größerer Übersichtlichkeit besitzt.

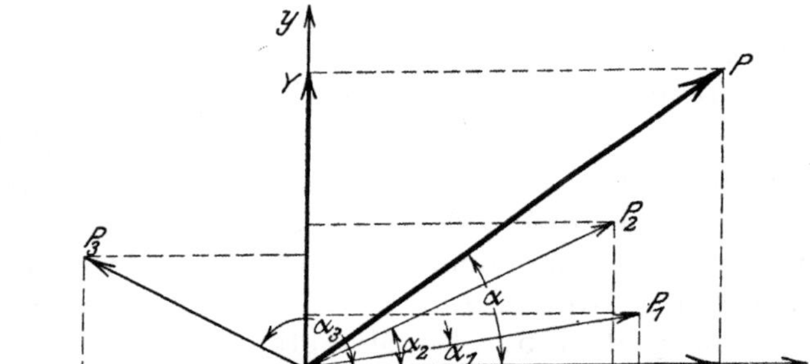

Abb. 34.

Man legt (Abb. 34) durch den gemeinsamen Angriffspunkt aller Kräfte die 2 Achsen x und y eines rechtwinkligen Kreuzes und zerlegt jede Kraft P_1, P_2 ... in 2 Teilkräfte nach diesen Achsen; in der Bezeichnung nach Punkt 39 schreiben wir:

$$P_1 \begin{cases} X_1 = P_1 \cos\alpha_1 \\ Y_1 = P_1 \sin\alpha_1 \end{cases}, \qquad P_2 \begin{cases} X_2 = P_2 \cos\alpha_2 \\ Y_2 = P_2 \sin\alpha_2 \end{cases} \quad \text{usw.}$$

Diese Zerlegung wird für alle gegebenen Kräfte durchgeführt.

Nun bestimmt man die Mittelkraft aller in x liegenden und auch die aller in y liegenden Teilkräfte und erhält so:

$$P\left\{\begin{array}{l} X = X_1 + X_2 + \ldots = \Sigma X_i \\ Y = Y_1 + Y_2 + \ldots = \Sigma Y_i \end{array}\right. \quad . \quad . \quad . \quad (67)$$

Da die Wahl des Achsenkreuzes x, y vollkommen willkürlich ist, so können wir die Gleichung (67) so in Worte fassen:

Projektionssatz: Die Projektion der Mittelkraft auf irgendeine Achse ist gleich der Summe der Projektionen der Teilkräfte auf dieselbe Achse.

Faßt man nun noch X und Y zu einer Mittelkraft zusammen, so ist dies offenbar die gesuchte Mittelkraft P der gegebenen Kräftegruppe; ihre Größe ist

$$P = \sqrt{X^2 + Y^2}$$

und ihre Neigung zur x-Achse

$$\operatorname{tg} \alpha = \frac{Y}{X}.$$

41. Gleichgewicht einer Kräftegruppe durch einen Punkt. *Eine Kräftegruppe ist im Gleichgewicht, wenn ihre Mittelkraft verschwindet.*

Für den Fall von Kräften, die alle durch einen Punkt hindurchgehen, wird diese Bedingung in folgender Weise zum Ausdruck gebracht:

a) *Zeichnerisch.* Die Mittelkraft wird verschwinden, wenn der Endpunkt der letzten Kraft (Abb. 35) im Krafteck mit dem Anfangspunkt A der ersten zusammenfällt, wenn also das Krafteck ein geschlossenes ist.

Eine Kräftegruppe durch einen Punkt ist im Gleichgewicht, wenn sich das zugehörige Krafteck schließt.

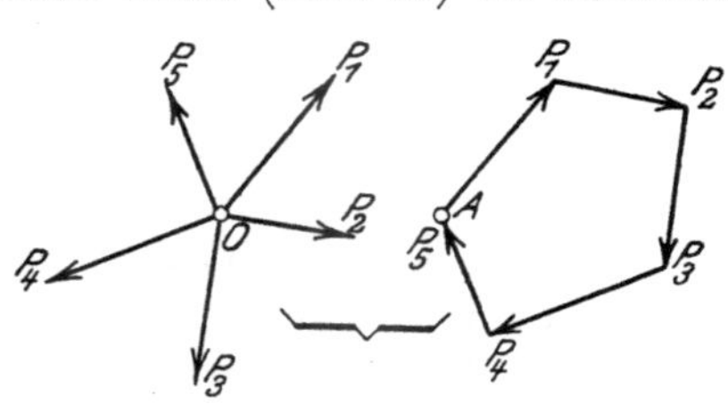

Abb. 35.

Für drei Kräfte ist dieser Fall in Abb. 36 besonders herausgezeichnet: das zugehörige Krafteck ist ein Dreieck. Jede Kraft ist gleich groß und entgegengesetzt zur Mittelkraft der beiden übrigen.

b) Rechnerisch. Damit die Mittelkraft P verschwindet, ist offenbar nötig, daß ihre Teilkräfte nach x und y null sind, also

$$\left.\begin{array}{l} X = \Sigma X_i = 0 \\ Y = \Sigma Y_i = 0 \end{array}\right\} \quad . \quad . \quad . \quad (68)$$

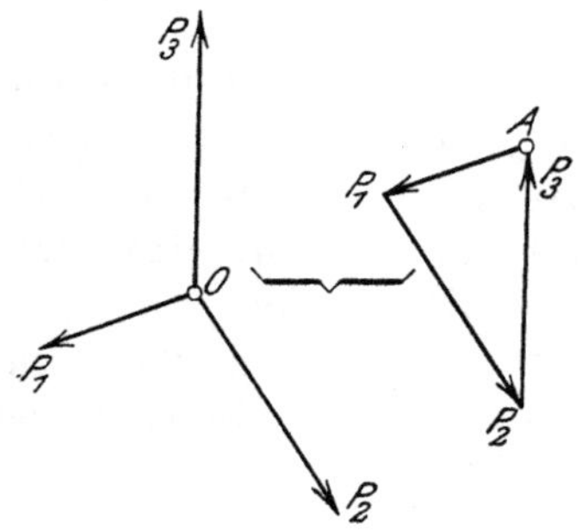

Abb. 36.

Eine Kräftegruppe durch einen Punkt ist im Gleichgewichte, wenn die Summe der Teilkräfte nach zwei Richtungen der Ebene verschwindet. Wenn also nach keiner Richtung eine Kraft übrig bleibt, sprechen wir von Gleichgewicht.

Die unter a) und b) ausgesprochenen Bedingungen besagen offenbar genau dasselbe in verschiedener Form.

42. Auflagerdrücke. Bei den Fragen des Gleichgewichtes die in der Technik auftreten, liegt nun die Sache meist so, daß ein Körper, der irgendwelchen Kräften — den Lasten — ausgesetzt ist, durch andere Körper in bestimmter Weise unterstützt oder irgendwie aufgehängt wird. Unter dem Einfluß der Lasten und dieser Unterstützungen kommt das Gleichgewicht zustande. Körper, die ohne Führung und ohne Stützung im Gleichgewichte wären, wie z. B. ein ruhender Körper zwischen zwei anziehenden Massen, kommen in der Natur und Technik nicht vor.

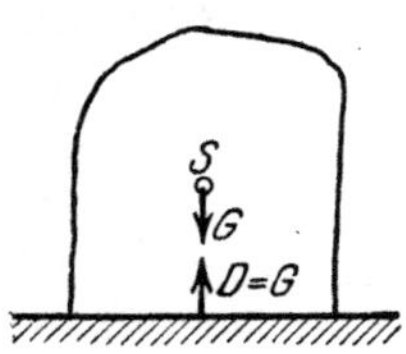

Abb. 37.

Schon früher haben wir anläßlich der Besprechung einfacher Beispiele erwähnt, daß man den Einfluß dieser Unterstützungen als Kräfte in Rechnung setzt; es ist nun für die Bestimmung der Abmessungen aller Tragkonstruktionen eine wichtige Aufgabe, diese Unterstützungskräfte — die Auflagerdrücke — zu berechnen.

In den oben erwähnten einfachen Fällen ist es leicht, die Größe der auftretenden Stützkräfte unmittelbar anzugeben.

Wenn ein Körper vom Gewicht G auf einem Tische ruht oder an einem Seil aufgehängt ist, so wirkt der Druck D des Tisches oder der Zug D des Seiles auf den Körper vertikal nach oben und es ist offenbar $D = G$ (Abb. 37, 38).

In den übrigen Fällen ist der Vorgang folgender: Man nehme die Unterstützungen weg und ersetze sie durch Kräfte von bekannter Richtung, aber unbekannter Größe, bzw. unbekannter Richtung und unbekannter Größe. Diese unbekannten werden zusammen mit den gegebenen Kräften im Gleichgewichte sein, daher müssen die Bedingungen a) und b) Punkt 41 für alle diese Kräfte zusammen Geltung haben.

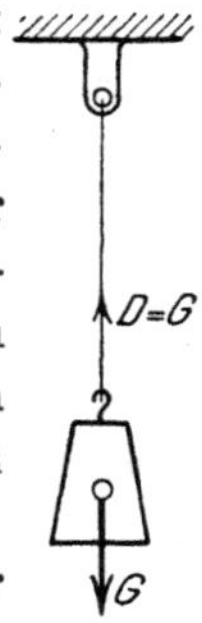

Abb. 38.

Für die Anbringung dieser Stützdrücke wollen wir zunächst die Voraussetzung machen, daß die Oberflächen der sich berührenden Körper vollkommen glatt seien, so daß also die Körper in der Richtung dieser berührenden Flächen keine Kraft aufeinander ausüben, sondern nur senkrecht dazu.

Wird der Körper durch Seile, Stangen u. dgl. gehalten, so ist unmittelbar verständlich, daß wir jedes Seil und jede Stange durch eine in deren Richtung angebrachte Kraft ersetzen können, die wir als Zug des Seiles, bzw. als Druck der Stange bezeichnen, je nachdem die Kraft das Seil zu verlängern, bzw. die Stange zu verkürzen trachtet.

Einige Beispiele werden diesen Vorgang sofort klarmachen.

Beispiel 19: Schiefe Ebene. Ein Körper vom Gewicht G auf einer glatten schiefen Ebene (Neigung α) würde offenbar heruntergleiten, wenn er nicht gehalten wird; eine in der Richtung der schiefen Ebene wirkende, von der Berührung selbst herrührende Kraft — Reibung — wollen wir ausschließen, die Körper seien vollkommen glatt. Wir fragen nach der Größe

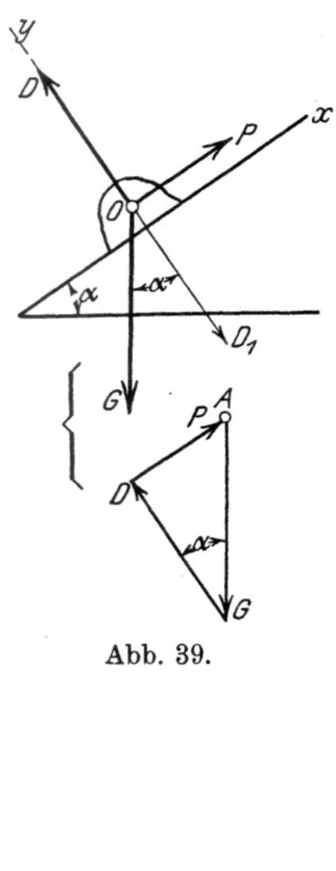

Abb. 39.

jener Kraft P, die man parallel zur schiefen Ebene anbringen muß, um Gleichgewicht herzustellen (Abb. 39).

Nach dem oben dargelegten Vorgang ersetzen wir den Einfluß der schiefen Ebene durch eine auf den Körper ausgeübte Kraft D, senkrecht zur schiefen Ebene, von unbekannter Größe; G, D und P zusammen sind im Gleichgewichte, G ist vollständig bekannt, von D und P kennt man die Richtungen. Wir wollen die Aufgabe nach beiden Methoden lösen:

a) Zeichnerisch. Da das Krafteck ein geschlossenes sein muß, so trage man seitlich (in einem passend gewählten Maßstabe) G lotrecht auf, ziehe durch die Endpunkte von G die Parallelen zu den Richtungen von D und P und bringe diese zum Schnitt; dann ist P die gesuchte Kraft, die längs der schiefen Ebene wirken muß, D der Druck der schiefen Ebene auf den Körper.

Der Druck D_1 des Körpers auf die schiefe Ebene ist (nach dem Satz III: Gleichheit der Wirkung und Gegenwirkung) der Größe nach gleich D, aber entgegengesetzt gerichtet.

b) Rechnerisch. Die Achse x legen wir (Abb. 39) in die Richtung der schiefen Ebene, y senkrecht dazu. Dann nehmen die Gleichgewichtsbedingungen (68) in unserem Fall die Form an:

$$P - G \sin \alpha = 0,$$
$$D - G \cos \alpha = 0,$$

also

$$\left.\begin{aligned} P &= G \sin \alpha \\ D &= G \cos \alpha \end{aligned}\right\} \quad \ldots \ldots \quad (69)$$

Berücksichtigt man, daß der der Kraft P gegenüberliegende Winkel im Krafteck $= \alpha$ ist, so sieht man, daß die beiden Methoden vollständig übereinstimmen.

Z. B. für $G = 78$ kg, $\alpha = 35^0$ wird

$$\left.\begin{aligned} P &= G \sin \alpha = 78 \cdot 0{,}573 = 44{,}7 \text{ kg}, \\ D &= G \cos \alpha = 78 \cdot 0{,}819 = 63{,}9 \text{ kg}. \end{aligned}\right\}$$

Beispiel 20: Ein Gewicht G ist an zwei Seilen aufgehängt, die die Winkel α und β mit der Vertikalen einschließen. Wie groß sind die Seilspannungen S_1 und S_2? (Abb. 40.)

a) Zeichnerisch. Man zeichnet das Krafteck, trägt also G in lotrechter Richtung auf und zieht durch die Endpunkte die Parallelen zu den Richtungen von S_1 und S_2, durch die im Krafteck auftretenden Strecken sind dann S_1 und S_2 der Größe nach bestimmt.

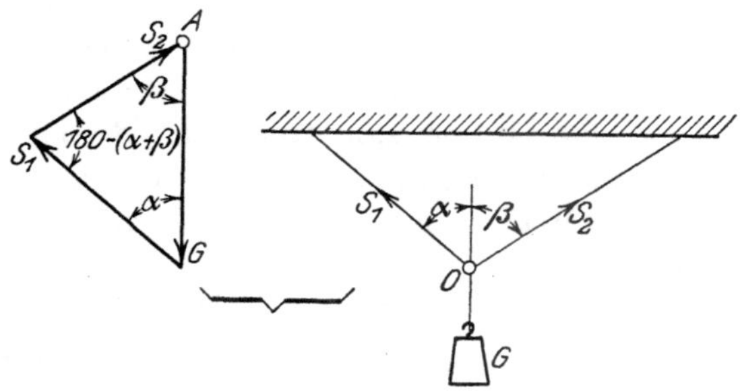

Abb. 40.

b) Rechnerisch. Um die rechnerischen Ausdrücke für S_1 und S_2 zu finden, ist es am einfachsten, im Krafteck den Sinussatz anzuwenden. Die Winkel haben die eingeschriebenen Größen, und da $\sin[180-(\alpha+\beta)] = \sin(\alpha+\beta)$ ist, so folgt

$$\left.\begin{aligned} S_1 : G &= \sin\beta : \sin(\alpha+\beta); \qquad S_1 = G\cdot\frac{\sin\beta}{\sin(\alpha+\beta)} \\ S_2 : G &= \sin\alpha : \sin(\alpha+\beta), \qquad S_2 = G\cdot\frac{\sin\alpha}{\sin(\alpha+\beta)} \end{aligned}\right\} \quad (70)$$

Wenn z. B. $G = 500$ kg, $\alpha = 40^0$, $\beta = 60^0$ ist, so folgt

$$\left.\begin{aligned} S_1 &= 500\cdot\frac{0{,}866}{0{,}984} = 441\text{ kg}, \\ S_2 &= 500\cdot\frac{0{,}643}{0{,}984} = 327\text{ kg}. \end{aligned}\right\}$$

Das gleiche würde sich natürlich durch Zerlegung nach zwei Achsen x und y ergeben.

Die beiden Spannungen S_1 und S_2 sind Zugspannungen, d. h. sie haben das Bestreben, die Seile zu verlängern.

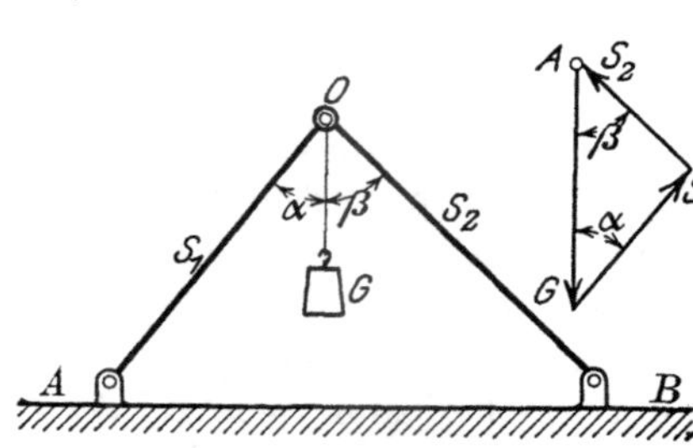

Abb. 41.

Wenn man statt dieser Anordnung die der Abb. 41 verwendet, also einen Bock, so werden dessen Stäbe durch die angehängte Last gedrückt, die Ermittelung dieser Druckspannungen geschieht auf dieselbe Weise wie oben.

Die „Pfeile“ werden in beiden Fällen durch das Krafteck geliefert; im ersten wirken sie vom Knotenpunkte weg, das bedeutet Zug, im zweiten zum Knotenpunkte hin: Druck.

Wie man sieht, kommt es bei diesen Gleichgewichtsaufgaben einfach auf die „Auflösung“ von Dreiecken hinaus, wobei nur im Auge zu behalten ist, daß die Seiten nicht die Bedeutung von einfachen Längen, sondern von Kräften haben.

43. Die ebene Kräftegruppe. Durch das Kraftparallelogramm wird in jedem Falle die Mittelkraft einer beliebigen ebenen Kräftegruppe geliefert, auch dann, wenn nicht alle Kräfte durch einen Punkt gehen; in dem letzteren Falle spricht man von einer ebenen Kräftegruppe. Man hätte dann so vorzugehen, daß man aus 2 Kräften P_1 und P_2 die Mittelkraft bestimmt, zu dieser die dritte P_3 fügt und so fortfährt, bis alle Kräfte erschöpft sind.

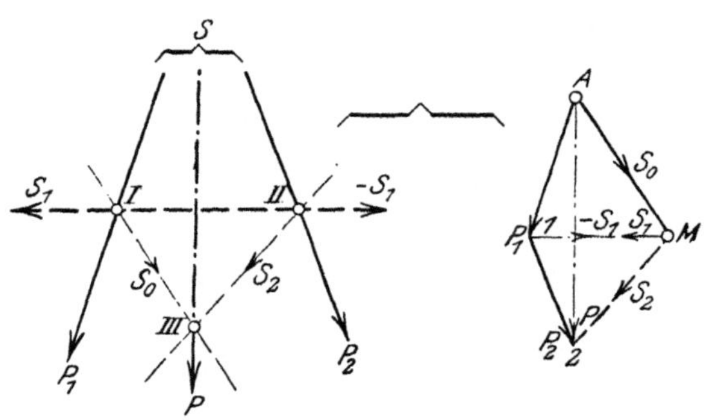

Abb. 42.

Wenn man diesen Vorgang für eine größere Zahl von Kräften wirklich ausführt, so sieht man, daß die Zeichnung außerordentlich unübersichtlich wird. Deshalb wird meist ein anderes Verfahren, und zwar mit Hilfe des Seilecks (Seilpolygon, Seilzug), angewendet, das von diesem Nachteile frei ist und rascher zum Ziele führt; auch sind Irrungen bei der Durchführung der Konstruktion schwerer möglich.

Um das Verfahren zu erläutern, gehen wir von der Zusammensetzung zweier Kräfte P_1 und P_2 aus (Abb. 42).

Da man, wie wir wissen, jede Kraft in ihrer Richtung beliebig verschieben kann, so könnten wir beide Kräfte an ihrem Schnittpunkt angreifen lassen und würden durch die Diagonale des über sie errichteten Parallelogramms die Mittelkraft auf gewöhnliche Art erhalten.

Größe und Richtung der Mittelkraft P ergeben sich durch das Krafteck; wir tragen, von einem seitlich gewählten Punkt A ausgehend, die Kräfte $\overline{P_1} = \overline{A1}$ und $\overline{P_2} = \overline{12}$ ihrer Größe und Richung nach auf; dann ist $\overline{P} = \overline{A2}$. — Es handelt sich nur noch um ihren Ort, der in diesem einfachen Fall dadurch gegeben wäre, daß man durch den Schnittpunkt S von P_1 und P_3 (linke Abbildung) eine Parallele zu P zieht; hier gehen wir jedoch, um ein für eine beliebige Anzahl von Kräften geeignetes Verfahren zu erhalten, anders vor:

Wir wissen, daß jede Kraft, z. B. P_1, in 2 Teilkräfte zerlegt werden kann, wenn wir nur dafür sorgen, daß sich diese Teilkräfte auf P_1 schneiden und als geometrische Summe P_1 ergeben. Von diesem Gedanken machen wir Gebrauch, aber nicht in der Art, daß wir diese Zerlegungen für alle Kräfte, $P_1, P_2, \ldots$, der gegebenen Kräftegruppe unabhängig voneinander durchführen, sondern diese Zerlegungen in folgender Weise miteinander in Zusammenhang bringen.

Wir wählen einen Punkt M — den Pol des Kraftecks — irgendwo in der Nähe des Kraftecks A, 1, 2 ... und verbinden M mit diesen Punkten. P_1 zerlegen wir dann in die beiden Kräfte $\overline{AM} = \overline{S_0}$, $\overline{M1} = \overline{S_1}$; sie geben P_1 als geometrische Summe. Damit sie jedoch P_1 wirklich vollkommen ersetzen, müssen sich ihre Wirkungslinien irgendwo auf P_1 schneiden. Wir wählen daher auf P_1 (links) einen beliebigen Punkt I und ziehen die Parallelen zu S_0 und S_1, dann können wir P_1 weglassen und dafür S_0, S_1 setzen. P_2 zerlegen wir nun in die Kräfte $\overline{1M} = -\overline{S_1}$, $\overline{M2} = \overline{S_2}$ und wählen den Punkt auf P_2, an dem wir die Ersatzkräfte für P_2 anbringen, im Schnitte II von S_1 (durch I) mit P_2; in der linken Abbildung sind die Pfeile der Kräfte S ebenfalls eingetragen. S_1 und $-S_1$ fallen in dieselbe Wirkungslinie, tilgen sich daher, und die gegebene Kräftegruppe kann durch die Kräfte S_0 und S_2 allein ersetzt werden. Ihr Schnittpunkt III ist ein Punkt der Mittelkraft P, deren Größe und Richtung aus dem Krafteck folgt.

In Abb. 43 ist dieses Verfahren für eine Gruppe von 4 Kräften $P_1 \ldots P_4$ durchgeführt. Man zeichne zunächst das Krafteck: $\overline{A1} = \overline{P_1}$, $\overline{12} = \overline{P_2}$, $\overline{23} = \overline{P_3}$, $\overline{34} = \overline{P_4}$, wählte einen Punkt M und verbinde diesen mit den Punkten A, 1, 2, 3, 4. Sodann nehme man auf P_1 einen Punkt I beliebig an, ziehe

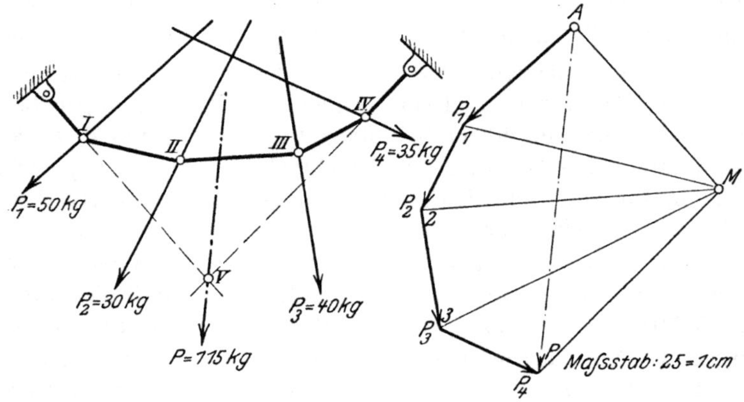

Abb. 43.

die Parallelen zu AM und $M1$ und bringe die zweite von diesen zum Schnitt II mit P_2; ferner ziehe man durch II eine Parallele zu $\overline{M2}$ bis zum Schnitt III mit P_3, durch III eine Parallele zu $\overline{M3}$ bis zum Schnitt IV mit P_4, endlich durch IV eine Parallele zu $\overline{M4}$; die Parallelen zu AM durch I und zu $M4$ durch IV schneiden sich in einem Punkte V, der der gesuchten Mittelkraft P angehört; Größe und Richtung von P sind aus dem Krafteck zu entnehmen.

Die Richtigkeit dieser Konstruktion ist nach den an Abb. 42 gegebenen Erörterungen, die hier auf 4 Kräfte zu erweitern sind, unmittelbar einzusehen.

Die Bezeichnung „Seileck" rührt daher, weil ein in den Punkten I, II, III, IV durch $P_1, \ldots P_4$ belastetes, entsprechend befestigtes Seil im Gleichgewichtszustande die Gestalt dieser gebrochenen Linie annehmen würde. An jeder Angriffsstelle einer

Kraft erhält der Seilzug einen Knick in der betreffenden Kraftrichtung.

44. Zeichnerische Ermittlung der Mittelkraft paralleler Kräfte. Das Kräfteparallelogramm, das uns die Grundlage aller unserer Konstruktionen abgegeben hat, versagt gerade in dem praktisch außerordentlich wichtigen Fall paralleler Kräfte;

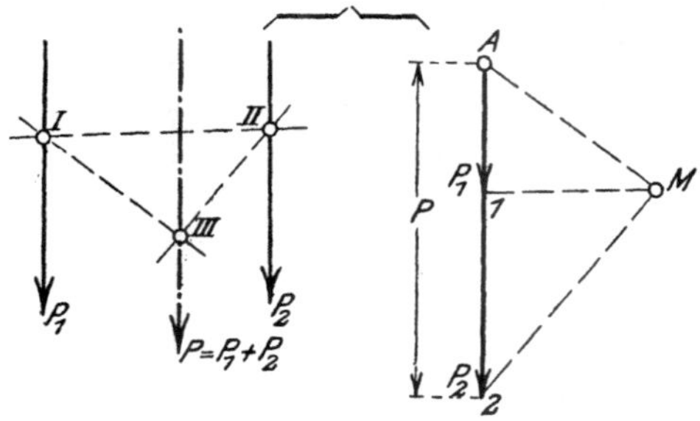

Abb. 44.

das Verfahren des Seilecks behält jedoch auch hierfür seine Gültigkeit und liefert uns die Mittelkraft nach dem in Punkt 43 gegebenen Vorgange.

Für parallele Kräfte fallen im „Krafteck" alle Kräfte in ein und dieselbe Gerade.

Um die Mittelkraft P für die 2 Kräfte P_1 und P_2 zu finden (Abb. 44), fügt man die 2 Kräfte ihrer Größe nach aneinander, dann ist $\overline{P} = \overline{P_1} + \overline{P_2} = \overline{A2}$ (rechte Abb.). Dann wählt man den Pol M und I auf P_1 beliebig, zieht durch I Parallele zu AM und $M1$, bringt letztere zum Schnitt II mit P_2 und zieht durch II eine Parallele zu $\overline{M2}$; der Schnitt III dieser zuletzt mit der zuerst gezogenen Geraden ist ein Punkt der gesuchten Mittelkraft P.

In Abb. 45 ist das gleiche Verfahren für 4 Kräfte durchgeführt, wovon die eine (P_3) verkehrten Sinn zu den übrigen hat. $\overline{P} = \overline{A4} = \overline{P_1} + \overline{P_2} - \overline{P_3} + \overline{P_4}$. Die Konstruktion ist wohl ohne weiteres zu überblicken.

Auch im Falle der (allgemeinen) ebenen Kräftegruppe werden wir vom Gleichgewicht dann sprechen, wenn die

Mittelkraft verschwindet. Um die Bedingungen hierfür aufzustellen, müssen wir einen neuen Begriff kennen lernen, dem wir hier zum ersten Male begegnen.

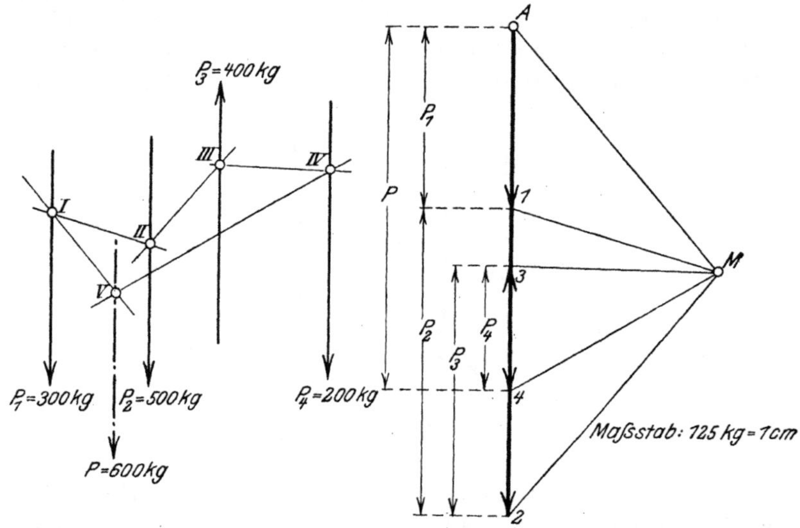

Abb. 45.

45. Drehmoment. Wie die meisten anderen Begriffe der Mechanik hat auch dieser seinen Ursprung in den Erfahrungen des täglichen Lebens, und zwar hat der Hebel den Anlaß zu seiner Aufstellung ergeben. Unter einem Hebel versteht man jeden um eine Achse O drehbaren Körper (Abb. 46). Man erkannte sehr bald, daß die Wirkung, die man mit dieser einfachen Vorrichtung erzielen konnte, einerseits von der Größe der einwirkenden Kraft abhing, andererseits von der Entfernung vom Drehpunkte, und zwar ist die Wirkung zu beiden proportional.

Abb. 46.

Unter dem Drehmomente einer Kraft in bezug auf einen Punkt O verstehen wir das Produkt aus der Größe P der Kraft und dem senkrechten Abstand a von O:

$$M = P \cdot a.$$

a nennt man den Arm oder Hebelarm der Kraft, auch dann, wenn es sich nicht um einen Hebel handelt, sondern wenn man nur — wie es meistens der Fall ist — ein Maß für die Stärke der Drehwirkung einer Kraft mit Bezug auf irgendeinen Punkt erhalten will.

Die Dimension von M ergibt sich dadurch, daß man eine Kraft P kg mit einer Strecke a m multipliziert, wird also durch das Produkt aus einer Kraft und einer Länge bestimmt sein; man bezeichnet die Einheit mit Kilogrammeter oder auch Meterkilogramm (mkg), also

$$[\text{Moment}] = [M] = [\text{mkg}].$$

Das Drehmoment wird $= 1$ mkg sein, wenn eine Kraft von 1 kg an einem Arme von 1 m Länge wirkt.

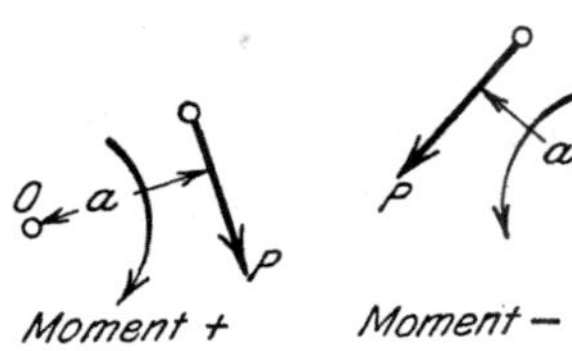

Abb. 47.

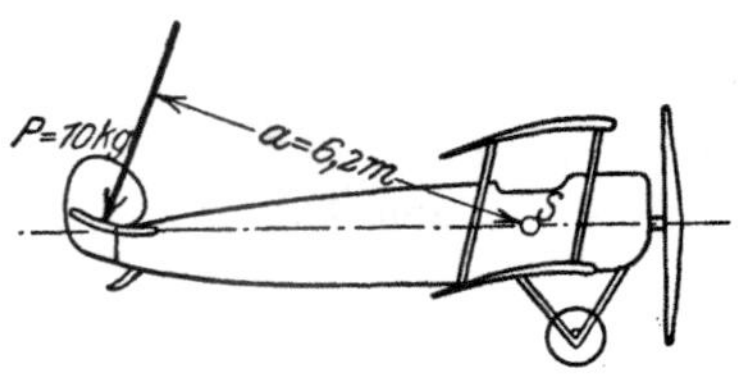

Abb. 48.

Je nachdem der Drehsinn des Momentes (für einen von oben auf die Zeichenebene blickenden Beobachter) mit dem Uhrzeigersinn übereinstimmt oder diesem entgegengesetzt ist, sprechen wir von rechtsdrehendem (auch positivem) oder linksdrehendem (negativem) Moment (Abb. 47).

Beispiel 21. Die Luftkraft auf das aufgezogene Höhensteuer eines Flugzeuges (Abb. 48) sei $P = 10$ kg, der senkrechte Abstand vom Schwerpunkte S des Flugzeuges $a = 6{,}2$ m; wie groß ist das Drehmoment um den Schwerpunkt?

$$M = P \cdot a = 10 \cdot 6{,}2 = 62 \text{ mkg}.$$

46. Momentensatz. Von ebenso großer Wichtigkeit wie der Projektionssatz (Punkt 40), der, wie man aus der Betrachtung des Kraftleckes unmittelbar ersieht, auch für jede ebene Kräftegruppe gilt, ist der

Momentsatz: Das Moment der Mittelkraft in bezug auf jeden beliebigen Punkt O der Ebene ist gleich der

Summe der Momente der Teilkräfte um denselben Punkt. In dieser Summe sind die Momente aller Kräfte **positiv** zu nehmen, die um O **im** Uhrzeigersinn drehen, **negativ** die mit **entgegengesetztem** Drehsinn.

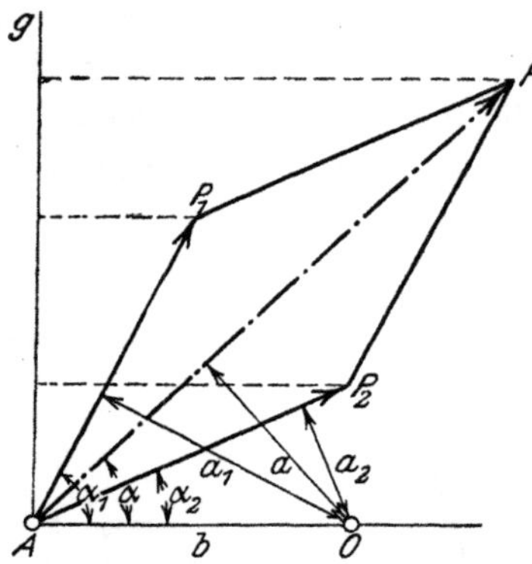

Abb. 49.

Den Beweis dieses Satzes erbringen wir zunächst wieder für zwei Kräfte P_1 und P_2 durch A (Abb. 49), deren Mittelkraft P sei. O sei der Drehpunkt.

Wir verbinden O mit A und ziehen die Senkrechte g auf OA, dann folgt aus dem Projektionssatz für g:

$$P \cdot \sin\alpha = P_1 \cdot \sin\alpha_1 + P_2 \cdot \sin\alpha_2 .$$

Nun sei $OA = b$, die Hebelarme $= a_1$, a_2 und a (siehe Abbildung), dann ist

$$\sin\alpha = \frac{a}{b}, \quad \sin\alpha_1 = \frac{a_1}{b}, \quad \sin\alpha_2 = \frac{a_2}{b}.$$

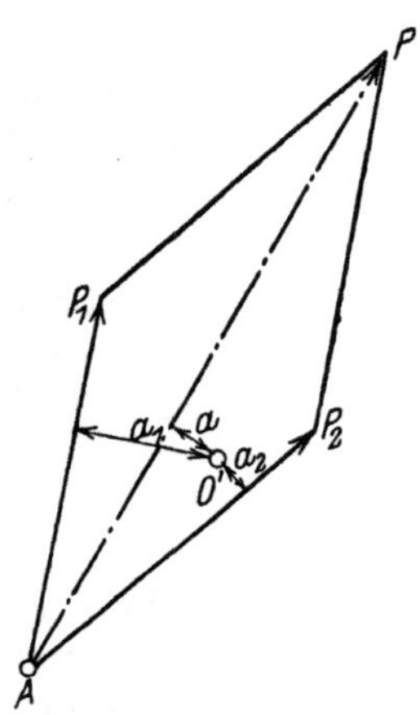

Abb. 50.

Setzt man dies in die obere Gl. ein und multipliziert die ganze Gl. mit b, so folgt:

$$Pa = P_1 a_1 + P_2 a_2 \quad . \quad . \quad . \quad . \quad . \quad (71)$$

Wenn der Drehpunkt z. B. nach O' (Abb. 50) fällt, so kommt:

$$Pa = P_1 a_1 - P_2 a_2 \quad . \quad . \quad . \quad . \quad . \quad (72)$$

Für eine beliebige ebene Kräftegruppe (Abb. 51), deren Mittelkraft P sei, gilt mit Verwendung der Bezeichnungen der Abbildung:

$$Pa = P_1 a_1 + P_2 a_2 - P_3 a_3 - P_4 a_4$$

oder allgemein

$$Pa = \Sigma P_i a_i , \quad . \quad . \quad . \quad . \quad . \quad . \quad . \quad (73)$$

wobei in diese Summe die Teilmomente als + oder — einzuführen sind, je nachdem sie um O im oder gegen den Uhrzeigersinn drehen.

Der Beweis für diesen allgemeinen Satz ergibt sich durch schrittweise Anwendung des oben gegebenen, auf alle Kräfte der gegebenen Kräftegruppe erstreckt.

Während der Satz vom Kräfteparallelogramm versagt, wenn die Kräfte parallel sind, gelten der Projektions- und Momentensatz allgemein ohne jede Ausnahme.

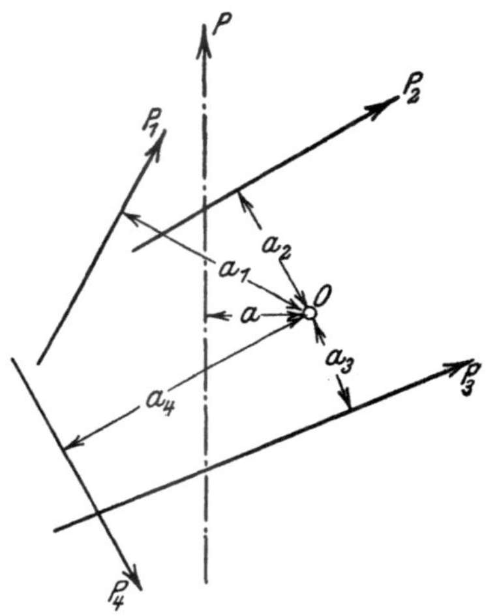

Abb. 51.

47. Rechnerische Ermittelung der Mittelkraft paralleler Kräfte. Hat man die Mittelkraft von 2 parallelen Kräften P_1 und P_2 im Abstande l zu bestimmen (Abb. 52), so gibt der Projektionssatz, angewendet auf die Richtung der Kräfte selbst,

$$P = P_1 + P_2, \quad \ldots \quad (74)$$

d. h. bei parallelen Kräften ist die Mittelkraft gleich der algebraischen Summe der Teilkräfte.

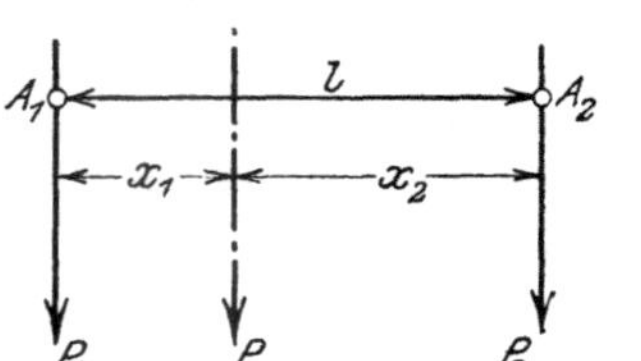

Abb. 52.

Um die Lage der Mittelkraft zu bestimmen, verwenden wir den Momentensatz: In bezug auf jeden Punkt der Ebene ist das Moment der Mittelkraft gleich der Summe der Momente der Teilkräfte. Der Einfachheit halber wählen wir den Drehpunkt auf einer der Teilkräfte und erhalten für:

Drehpunkt A_1: $\quad P \cdot x_1 = P_2 \cdot l,$

Drehpunkt A_2: $\quad P \cdot x_2 = P_1 \cdot l,$

also

$$\left.\begin{aligned} x_1 &= l \cdot \frac{P_2}{P} = l \frac{P_2}{P_1 + P_2}, \\ x_2 &= l \cdot \frac{P_1}{P} = l \frac{P_1}{P_1 + P_2}. \end{aligned}\right\} \quad \ldots \ldots \quad (75)$$

Durch x_1, x_2 ist die Lage von P bestimmt; natürlich ist

$$x_1 + x_2 = l.$$

Aus Gln. (75) ergibt sich

$$x_1 : x_2 = P_2 : P_1 \quad \ldots\ldots\ldots \quad (76)$$

und daraus folgt ein einfaches Verfahren zur Bestimmung des Ortes der Mittelkraft von 2 parallelen Kräften, Abb. 53. Man ziehe eine (nicht notwendig zu P_1, P_2 senkrechte) Gerade, die P_1 und P_2 in den Punkten A_1 und A_2 schneidet, trage von A_2 auf P_2 die Kraft $P_1 = \overline{A_2 B_2}$, von A_1 auf P_1 die Kraft $P_2 = \overline{A_1 B_1}$, aber zu P_1 entgegengesetzt in willkürlichem Maßstabe auf und verbinde B_1 mit B_2. Der Schnitt S von $A_1 A_2$ und $B_1 B_2$ ist dann ein Punkt der Mittelkraft; dies folgt aus der Ähnlichkeit der Dreiecke $A_1 B_1 S$ und $A_2 B_2 S$: in den ähnlichen Dreiecken verhalten sich die Grundlinien P_1 und P_2 wie die Höhen x_2 und x_1.

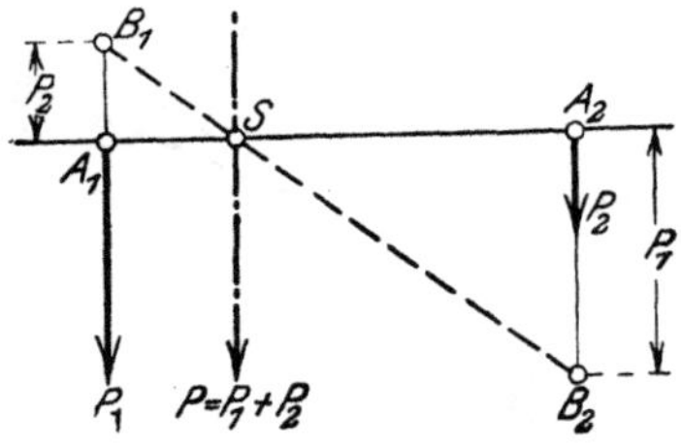

Abb. 53.

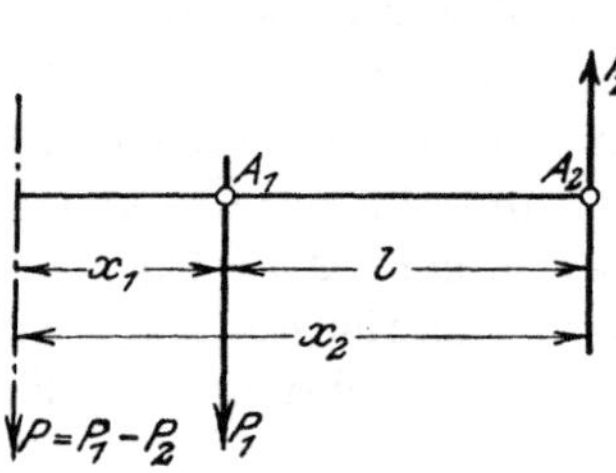

Abb. 54.

Beispiel 22: $P_1 = 20$ kg, $P_2 = 30$ kg, $l = 0{,}8$ m.

Es folgt nach Gln. (74) und (75):

$$P = 20 + 30 = 50\,\text{kg},$$

$$x_1 = 0{,}8 \cdot \frac{30}{50} = 0{,}48\,\text{m},$$

$$x_2 = 0{,}8 \cdot \frac{20}{50} = 0{,}32\,\text{m}.$$

Die Mittelkraft liegt bei gleichgerichteten Kräften zwischen den Kräften, und zwar näher der größeren; bei gleichen Kräften natürlich in der Mitte.

Beispiel 23: Die Kräfte mögen verschiedene Richtungen haben, und zwar sei (Abb. 54) $P_1 = 84$ kg, $P_2 = 26$ kg, $l = 2$ m; dann folgt nach dem Projektionssatz

$$P = P_1 - P_2 = 84 - 26 = 58 \text{ kg}.$$

Die Mittelkraft P fällt jenseits P_1 hinaus, die Momentengleichungen lauten ganz so wie oben und es folgt:

$$\left.\begin{aligned} x_1 &= 2 \cdot \frac{26}{58} = 0{,}896 \text{ m} \\ x_2 &= 2 \cdot \frac{84}{58} = 2{,}896 \text{ m} \end{aligned}\right\} x_2 - x_1 = l = 2 \text{ m}.$$

Für beliebig viele Kräfte P_1, P_2 ... erhalten wir mit den aus Abb. 55 ersichtlichen Bezeichnungen:

$$P = P_1 + P_2 + \ldots = \Sigma P_i, \quad . \quad . \quad . \quad . \quad (77)$$

wobei die Summe wieder im algebraischen Sinne zu verstehen ist. Und der Momentensatz liefert für O als Drehpunkt:

$$P \cdot a = P_1 a_1 + P_2 a_2 + \ldots = \Sigma P_i a_i,$$

auch hier die Summe im algebraischen Sinne verstanden; daraus folgt:

$$a = \frac{\Sigma P_i a_i}{\Sigma P_i} \quad . \quad . \quad . \quad . \quad . \quad (78)$$

Damit ist die Entfernung der Mittelkraft von dem gewählten Drehpunkt O durch die Entfernungen der Teilkräfte von O und durch die Größen der Teilkräfte selbst ausgedrückt.

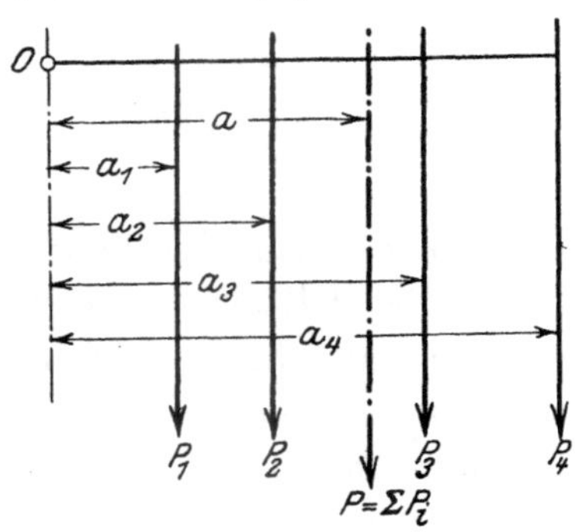

Abb. 55.

Auf diese wichtige Gl. werden wir bei der Berechnung des Schwerpunktes zurückkommen.

48. Kraftpaar. Ein besonderes Gebilde tritt nun auf, wenn die ebene Kräftegruppe aus 2 gleich großen, aber entgegengegengesetzt gerichteten Kräften $P_1 P_1$ besteht, Abb. 56, dem sog. Kraftpaar. Wenn man von einem solchen die Mittelkraft bestimmen wollte, so gibt zunächst der Projektionssatz für die Größe derselben:

$$P = P_1 - P_1 = 0,$$

und der Momentensatz für O als Drehpunkt, wenn wir das Moment des Kraftpaares mit M bezeichnen:

$$M = P_1 a_2 - P_1 a_1 = P_1 (a_2 - a_1);$$

und da $a_2 - a_1 = a$:

$$M = Pa, \quad \ldots\ldots\ldots \quad (79)$$

also gänzlich unabhängig vom Drehpunkte.

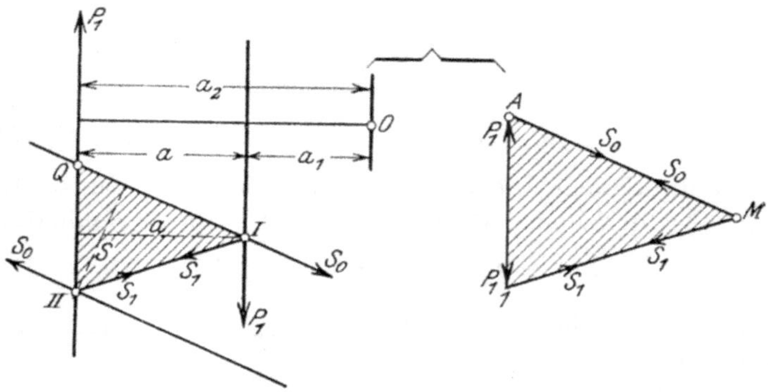

Abb. 56.

Wollte man zur Bestimmung der Mittelkraft des Kraftpaares die Methode des Seileckes anwenden, so hätte man das Krafteck zu zeichnen, indem man, von A ausgehend, $\overline{A1} = P_1$, $\overline{1A} = P_1$ aufträgt; das Krafteck schließt sich, eine Einzelkraft bleibt nicht übrig. Um das Seileck zu zeichnen, wählen wir M als Pol, zerlegen $\overline{A1} = P_1$ in die Teilkräfte S_0, S_1 und ziehen hierzu die Parallelen durch den Punkt I auf P_1 (beliebig gewählt). Die Parallele zu S_1 schneidet die andere Kraft P_1 in II, durch II legen wir die Parallele zu $\overline{MA} = S_0$; der erste und letzte Seilstrahl sind jetzt zueinander parallel; es bleiben mithin die zwei parallelen Kräfte S_0 durch I und S_0 durch II übrig, die gleich groß sind und entgegengesetzten Sinn haben; und da

$$\text{Dreieck } Q\,I\,II \sim \text{Dreieck } AM1,$$

so folgt

$$\overline{QI} : \overline{QII} = S_0 : P_1,$$

also

$$\overline{QI} \cdot P_1 = \overline{QII} \cdot S_0;$$

die doppelte Fläche des Dreieckes $QIII$ ist

$$\overline{QI} \cdot s = \overline{QII} \cdot a,$$

es folgt also durch Division beider Gln.:

$$P_1 \cdot a = S_0 \cdot s,$$

d. h. das Moment des Kraftpaares S_0, S_0 ist gleich dem Moment des gegebenen. Durch das Seilpolygon erhalten wir also nur ein anderes Kraftpaar von gleichem Moment, aber keine Mittelkraft.

Das Kraftpaar ist also ein Gebilde, das nicht in eine Mittelkraft zusammengefaßt werden kann; kennzeichnend hierfür ist nur das Moment $P_1 \cdot a$ und der Drehsinn; die Größe der Kraft P_1 und des Armes a sind gleichgültig, maßgebend ist nur deren Produkt.

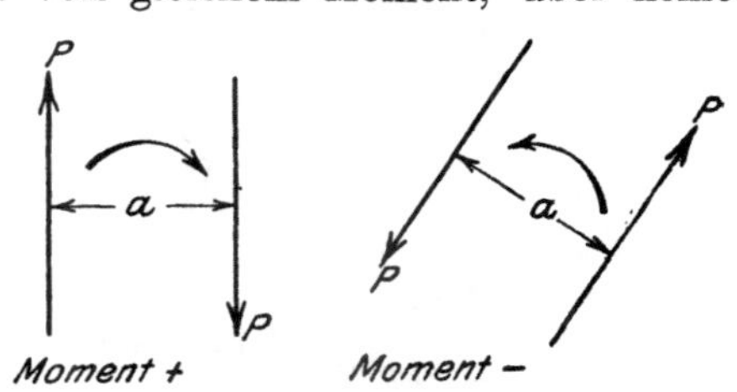

Abb. 57.

Die beiden Begriffe Kraft und Kraftpaar sind also von verschiedener Art, sie können nicht ineinander übergeführt werden.

Wir werden das Moment eines Kraftpaares wieder dann als positiv oder negativ bezeichnen, wenn es im oder gegen den Uhrzeigersinn zu drehen sucht (Abb. 57).

49. Gleichgewicht der ebenen Kräftegruppe. Für das Gleichgewicht einer Gruppe von Kräften, die alle durch denselben Punkt hindurchgehen, ist das Schließen des Kraftecks die allein notwendige Bedingung. Für die ebene Kräftegruppe finden wir:

a) Zeichnerisch: Aus den soeben angestellten Betrachtungen sehen wir sogleich, daß für eine allgemeine ebene Kräftegruppe das Schließen des Kraftecks noch nicht genügt um jede Wirkung auszuschalten; es kann ein **Kraftpaar** übrigbleiben, das eine Drehung des Körpers herbeizuführen strebt, wenn auch eine resultierende **Mittelkraft** nicht vorhanden ist; ist das der Fall, so können wir von Gleichgewicht offenbar **nicht** sprechen.

In Abb. 58 ist dieser Fall dargestellt; das aus den 4 Kräften $P_1 \ldots P_4$ gebildete Krafteck schließt sich, eine Einzelkraft ergibt sich also **nicht** als Mittelkraft. Die Konstruktion des Seileckes zeigt jedoch, daß der erste Strahl S_0 und der letzte

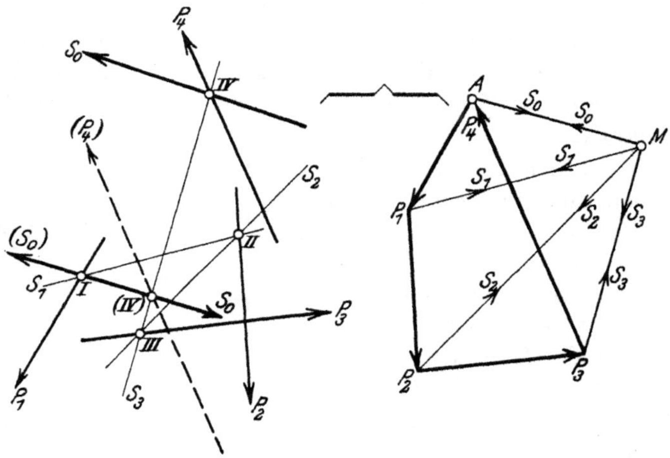

Abb. 58.

Strahl S_0 nicht in dieselbe Gerade fallen, es bleibt also in diesem Falle ein Kraftpaar S_0, S_0 übrig; Gleichgewicht ist **nicht** vorhanden.

Wenn jedoch die Mittelkraft in (P_4) statt in P_4 liegt (Abb. 58), der zu S_3 parallele Seilstrahl sie also in (IV) schneidet, so fallen auch die Kräfte S_0 im Lageplan in dieselbe Gerade; es ist **Gleichgewicht**; man sieht, für Gleichgewicht des ebenen Kraftsystems muß sich auch das Seileck schließen.

Satz: **Eine ebene Kräftegruppe ist im Gleichgewichte, wenn sich nicht nur das zugehörige Krafteck, sondern auch das Seileck schließt.**

b) **Rechnerisch**: Die rechnerischen Gleichgewichtsbedingungen werden unmittelbar durch den Projektions- und

Momentensatz geliefert. Soll weder eine Mittelkraft noch ein Moment übrigbleiben, so müssen nach diesen Sätzen auch die Summen der Projektionen der Teilkräfte nach zwei Richtungen und die Summe der Momente um jeden beliebigen Punkt O verschwinden. Man erhält so die drei Gleichgewichtsbedingungen:

$$\left.\begin{array}{rl} & X = X_1 + X_2 + \ldots \quad = \Sigma X_i \;\; = 0 \\ & Y = Y_1 + Y_2 + \ldots \quad = \Sigma Y_i \;\; = 0 \\ \text{(für } O\text{:)} & M = P_1 a_1 + P_2 a_2 + \ldots = \Sigma P_i p_i = 0 \end{array}\right\} \quad . \; . \; (80)$$

In Worten:

Satz: Eine ebene Kräftegruppe ist im Gleichgewichte, wenn die Summe der Projektionen der Kräfte nach zwei beliebigen Richtungen in der Ebene und die Summe der Momente um jeden beliebigen Punkt O der Ebene verschwinden.

Für Gleichgewicht muß also nicht nur die Mittelkraft verschwinden, sondern es darf auch keine Drehwirkung der Kräftegruppe übrigbleiben. Das Verschwinden des Moments würde sich in den ersten zwei Gln. noch nicht äußern.

Die beiden in a) und b) erhaltenen Ergebnisse besagen offenbar wieder genau dasselbe in verschiedener Form.

Es ist also — wie nochmals ausdrücklich hervorgehoben werden möge — Gleichgewicht nur dann vorhanden, wenn außer dem Verschwinden der Mittelkraft auch das Verschwinden des Drehmomentes gewährleistet ist, sonst nicht.

Daraus folgt auch sogleich, daß drei Kräfte nur dann im Gleichgewicht sein können, wenn sie 1. durch einen Punkt hindurchgehen und 2. das von ihnen gebildete Kräftedreieck sich schließt (Abb. 36).

Wir gehen nun zur Anwendung der in den letzten Abschnitten gefundenen Ergebnisse über.

X. Schwerpunkt.

50. Angriffspunkt einer Kraft (Massenkraft). Bisher haben wir keine Veranlassung gehabt, von dem sog. „Angriffspunkt“ einer Kraft zu sprechen. Für gewisse Aufgaben ist es jedoch nötig, die Kräfte an bestimmten Stellen

„angreifend“ zu betrachten, dazu gehören z. B. die mit den Schwerkräften oder Gewichten zusammenhängenden Fragen.

Alle Körper sind schwer, auf jedes Teilchen wirkt eine lotrecht nach abwärts wirkende Kraft, die wir an dem betreffenden Teilchen angreifend annehmen. Da die Gewichte der Teilchen alle im gleichen Sinne (lotrecht nach abwärts) wirken, so haben sie immer eine Mittelkraft.

Es läßt sich leicht zeigen, daß in jedem Körper ein ganz bestimmter Punkt — der Schwerpunkt — vorhanden ist, an dem die Mittelkraft angreift, unabhängig von der Lage des Körpers gegen die Erde.

51. Ermittelung des Schwerpunktes. Wir beginnen mit der Betrachtung des einfachsten Falles: I. Schwerpunkt zweier Gewichte G_1 und G_2.

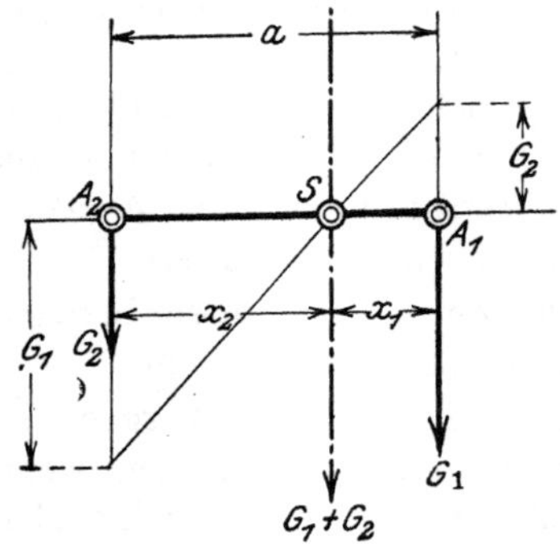

Abb. 59.

a) Zeichnerisch: Der Schwerpunkt von 2 Punkten A_1 und A_2 mit den Gewichten G_1 und G_2 liegt offenbar auf der Verbindungslinie $A_1 A_2$; um den Ort zu bestimmen, ermittelt man die Mittelkraft unter Anwendung des in Punkt 44 (oder 47) gegebenen Verfahrens (Abb. 59). Der Schnitt der Mittelkraft mit $A_1 A_2$ ist der gesuchte Schwerpunkt S.

b) Rechnerisch: Das Verhältnis der Abstände x_1, x_2 (Abb. 59) ist nach Gl. (76)

$$x_1 : x_2 = G_2 : G_1, \quad \ldots\ldots \quad (81)$$

dadurch ist S gegeben.

Da die Gewichte (G) den Massen (M) proportional sind, so können wir auch schreiben:

$$G_1 = M_1 \cdot g, \qquad G_2 = M_2 \cdot g$$

und

$$x_1 : x_2 = M_2 : M_1, \quad \ldots\ldots \quad (82)$$

weshalb man den Schwerpunkt auch als Massenmittelpunkt bezeichnet.

Beispiel 24: $G_1 = 120\,\mathrm{kg}$, $G_2 = 60\,\mathrm{kg}$,
$a = 1\,\mathrm{m}$;

Gl. (81) gibt:

$$x_1 : x_2 = 1 : 2,$$

daher $x_1 = 0{,}33\,\mathrm{m}$, $x_2 = 0{,}67\,\mathrm{m}$.

II. Schwerpunkt beliebig vieler Gewichte $G_1, G_2 \ldots$ in $A_1, A_2 \ldots$

a) Zeichnerisch Abb. 60: Durch das in gewöhnlicher Weise gezeichnete Seilpolygon ist die Mittelkraft G und dadurch ein Ort für den gesuchten Schwerpunkt gefunden.

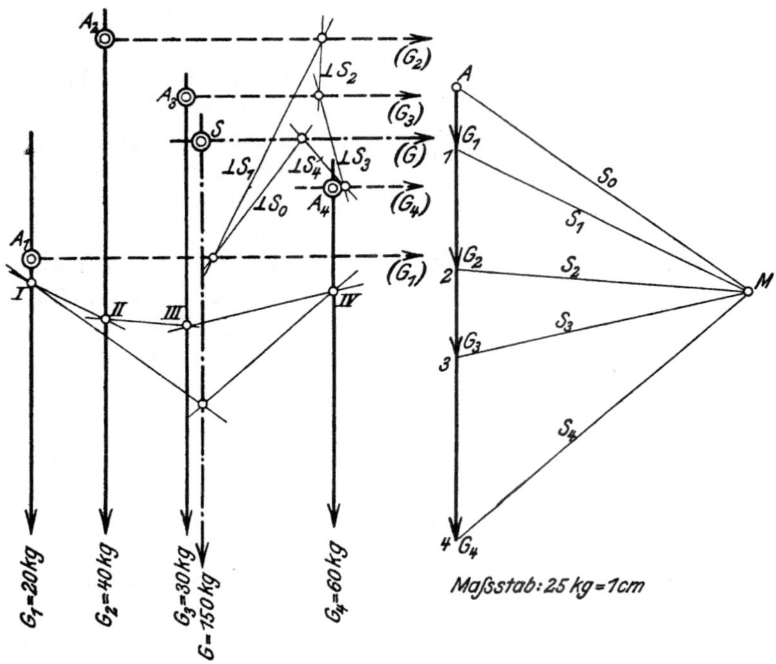

Abb. 60.

Um einen zweiten Ort zu finden, denkt man sich die gegebene Gruppe von Punkten, ohne ihre gegenseitigen Abstände zu ändern, um den gleichen Winkel, am besten um 90^0 gedreht. Dies können wir bequem dadurch ausführen, daß wir den Körper unverändert lassen, dafür aber die Kräfte um 90^0 verdrehen und neuerdings (mit Hilfe eines neuen Seilecks) die Mittelkraft suchen; ihr Schnitt mit der zuvor erhaltenen ist der gesuchte Schwerpunkt.

Dieser Vorgang ist in Abb. 60 für 4 Gewichte $G_1 \ldots G_4$ durchgeführt. Für das zweite Seileck ist es praktisch, das ganze Krafteck samt dem Punkt M um 90^0 mitzudrehen, so daß die neuen Seilstrahlen senkrecht zu den entsprechenden Strahlen des ersten Seileckes zu liegen kommen; die Zeichnung des verdrehten Kraftecks erübrigt sich dadurch.

Um die Entstehung erkennen zu lassen, sind in Abb. 60 die Strecken des zweiten Seilpolygons mit den gleichen Buchstaben $S_0, \ldots S_4$ wie die des ersten, unter Beifügung des Zeichens „$\perp$" (senkrecht) bezeichnet.

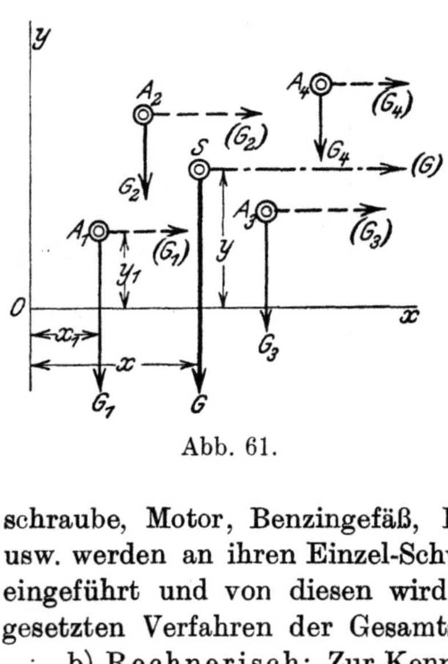

Abb. 61.

Die für die wirkliche Ausführung dieser Konstruktion erforderliche Fertigkeit eignet man sich am besten durch Lösung einiger besonderer Aufgaben an.

Mit Hilfe dieses Verfahrens wird z. B. der Schwerpunkt eines Flugzeuges bestimmt, dessen Kenntnis zur Beurteilung der Flugeigenschaften von Wichtigkeit ist. Die Gewichte der einzelnen Teile des Flugzeuges: Luftschraube, Motor, Benzingefäß, Pilot, Beobachter, Tragflächen usw. werden an ihren Einzel-Schwerpunkten $A_1, A_2 \ldots$ hängend eingeführt und von diesen wird nach dem eben auseinandergesetzten Verfahren der Gesamtschwerpunkt S bestimmt.

b) Rechnerisch: Zur Kennzeichnung eines Punktes in der Ebene verwenden wir rechtwinkelige Koordinaten xy (Abb. 61). An den Punkten A_1, $A_2 \ldots$ mit den Koordinaten $A_1\ (x_1, y_1)$, $A_2\ (x_2, y_2) \ldots$ mögen die Gewichte $G_1, G_2 \ldots$ von bekannter Größe hängen. Um die Koordinaten des Schwerpunktes $S\ (x, y)$ zu finden, verwenden wir den Momentensatz, in der Form der Gl. (78), Punkt 47. Das Gesamtgewicht des aus den gegebenen Teilgewichten bestehenden Körpers ist

$$G = \Sigma G_i = G_1 + G_2 + \dots \quad . \quad . \quad . \quad . \quad (83)$$

und der Momentensatz für die betrachtete Lage der Gewichte liefert für O als Drehpunkt:

$$G \cdot x = G_1 x_1 + G_2 x_2 + \dots = \Sigma G_i x_i .$$

Nun dreht man die Gewichte, ohne ihre Größe zu ändern, um 90^0, so daß sie nach (G_1), (G_2), ... zu liegen kommen, dann ist wieder für O als Drehpunkt:

$$G \cdot y = G_1 y_1 + G_2 y_2 + \dots = \Sigma G_i y_i ;$$

aus diesen Gleichungen ergibt sich:

$$\left. \begin{aligned} x &= \frac{G_1 x_1 + G_2 x_2 + \dots}{G_1 + G_2 + \dots} = \frac{\Sigma G_i x_i}{G}, \\ y &= \frac{G_1 y_1 + G_2 y_2 + \dots}{G_1 + G_2 + \dots} = \frac{\Sigma G_i y_i}{G}. \end{aligned} \right\} \quad . \quad . \quad (84)$$

Dies sind die Grundgln. für die rechnerische Ermittelung des Schwerpunktes.

52. Schwerpunkt von Flächen und Körpern. Sehr oft tritt die Aufgabe auf, Schwerpunkte von Flächenstücken zu ermitteln, die gleichartig (homogen) mit Masse belegt sind, deren Gewicht also für je 1 m^2 Fläche das gleiche ist. In diesem Falle sind die Gewichte G_i in den Gln. (84) einfach den betreffenden Flächenstücken f_i proportional, z. B. $C f_i$ zu setzen, und an dem Schwerpunkte dieser Flächen anzubringen, wo C irgend einen festen Wert hat.

Die Gln. (84) lauten dann:

$$\left. \begin{aligned} x &= \frac{\Sigma C f_i x_i}{\Sigma C f_i} = \frac{\Sigma f_i x_i}{\Sigma f_i}, \\ y &= \frac{\Sigma C f_i y_i}{\Sigma C f_i} = \frac{\Sigma f_i y_i}{\Sigma f_i}. \end{aligned} \right\} \quad . \quad . \quad . \quad . \quad . \quad (85)$$

Obwohl also die „mechanischen“ Vorstellungen, die uns auf den Schwerpunkt geführt haben, vollständig ausgeschaltet sind, so behalten wir doch dieselbe Bezeichnung — Schwerpunkt — bei; das gleiche können wir im Raume machen und auch vom Schwerpunkt eines Körpers sprechen, ohne daß wir gerade immer die aus der Betrachtung der „Gewichte“ hervorgehende rein-mechanische Bedeutung vor Augen haben müßten.

Der Schwerpunkt gleichartiger (homogener) Körper oder Flächen ist also in diesem Sinne ein rein geometrischer Begriff.

Wenn eine ebene Fläche eine Symmetrielinie hat, so liegt der Schwerpunkt auf ihr; das gleiche gilt in bezug auf eine Symmetrieebene für einen Körper.

Beispiel 25: Ohne weiteres ist zu ersehen, daß der Schwerpunkt einer regelmäßigen Figur (z. B. Quadrat, Rechteck, Rhombus, Kreis, Sechseck usw.) in deren geometrischem Mittelpunkte liegt.

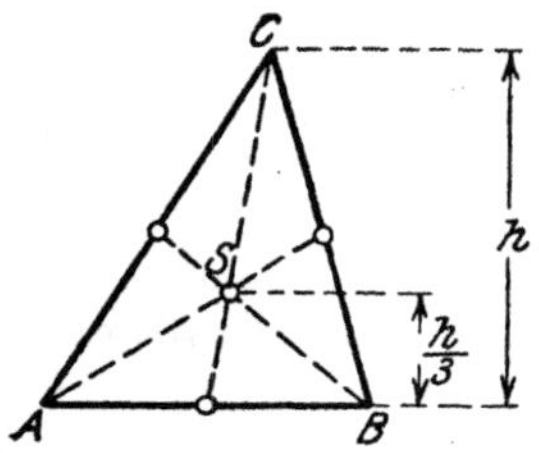

Abb. 62.

Beispiel 26: Ferner ist bekannt, daß der Schwerpunkt des Dreiecks in das erste Höhendrittel fällt, Abb. 62, wie man durch Betrachtung der sog. Schwerlinien des Dreieckes, das sind die Verbindungslinien der Seitenmittelpunkte mit den gegenüberliegenden Ecken, sofort erkennt.

Beispiel 27: Der Schwerpunkt einer aus solchen einfachen Flächen zusammengesetzten Fläche (Trägerquerschnitt) kann zeichnerisch oder rechnerisch erhalten werden, was an Abb. 63 mit den dort angegebenen Abmessungen erläutert werden möge.

Man zerlegt die Fläche durch die Linien ab, cd in 3 Rechtecke und bringt deren „Flächen" f_1, f_2, f_3 in den bez. Teilschwerpunkten S_1, S_2, S_3 als „Gewichte" an.

a) Zeichnerisch: Von den 3 „Gewichten" f_1, f_2, f_3 bestimmt man nach der Methode des Abschnittes 51a) den Schwerpunkt.

b) Rechnerisch: Die Koordinaten des Schwerpunktes sind nach Gl. (85):

$$x = \frac{600 \cdot 5 + 400 \cdot 30 + 300 \cdot 55}{600 + 400 + 300} = \frac{31\,500}{1300} = 24{,}23 \text{ cm},$$

$$y = \frac{600 \cdot 30 + 400 \cdot 5 + 300 \cdot 15}{1300} = 18{,}85 \text{ cm}.$$

Die Ergebnisse von a) und b) müssen natürlich übereinstimmen.

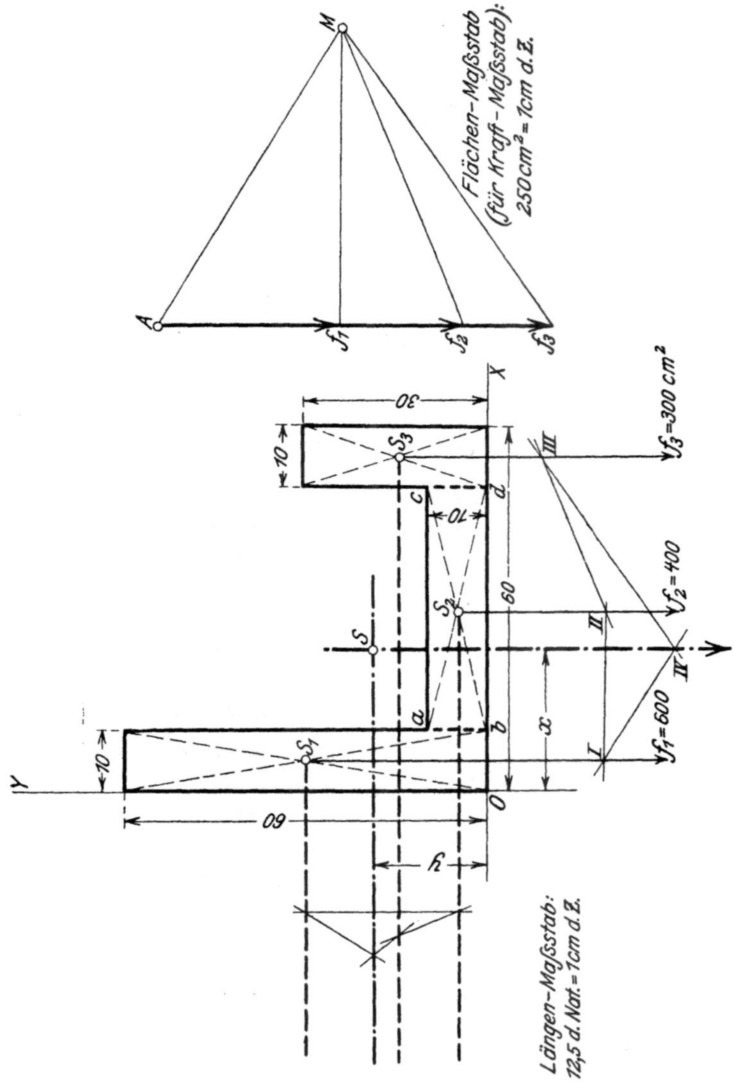
Flächen-Maßstab
(für Kraft-Maßstab):
250 cm² = 1 cm d. Z.
Längen-Maßstab:
12,5 d. Nat. = 1 cm d. Z.
f₃ = 300 cm²
f₂ = 400
f₁ = 600
M
A
S
X
Y
60
30
10
x
y

Abb. 63.

Beispiel 28: Trapez. Der Schwerpunkt des Trapezes liegt zunächst auf der Verbindungslinie der Mittelpunkte M_1, M_2 der parallelen Seiten a, b, Abb. 64. Zerlegt man ferner das Trapez durch die Gerade AC in 2 Dreiecke, deren Schwer-

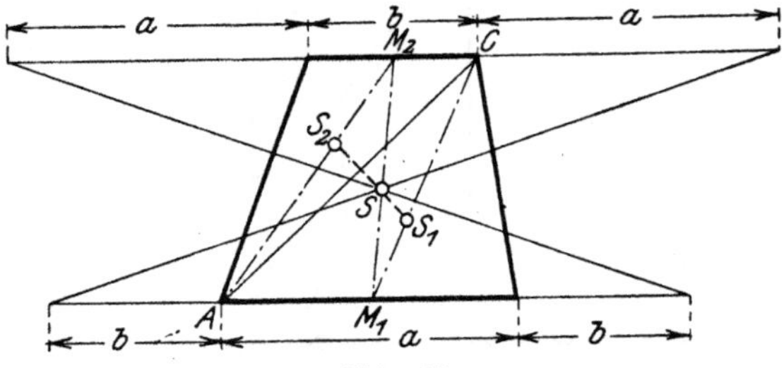

Abb. 64.

punkte S_1 und S_2 sind und zieht die Linie $S_1\ S_2$, so ist deren Schnitt mit $M_1\ M_2$ der gesuchte Schwerpunkt.

Trägt man (Abb. 64) b zu beiden Seiten von a, a zu beiden Seiten von b auf und verbindet die Endpunkte, so ist durch ihren Schnittpunkt ebenfalls der Schwerpunkt gegeben.

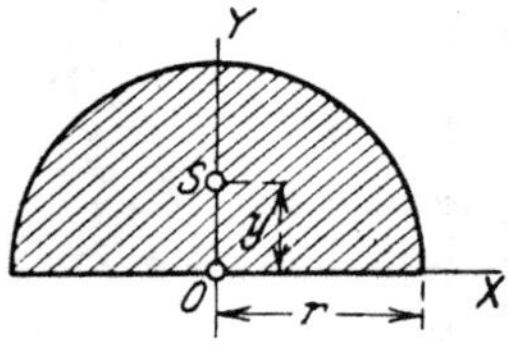

Abb. 65.

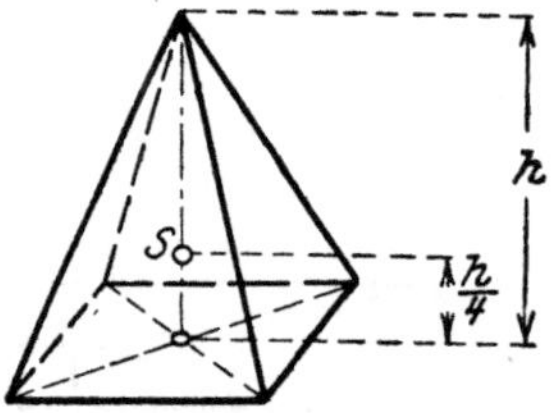

Abb. 66.

Beispiel 29: Halbkreis. Die Entferung des Schwerpunktes vom begrenzenden Durchmesser (Abb. 65) ist

$$y = \frac{4\,r}{3\,\pi} \quad \ldots \ldots \ldots \quad (86)$$

Beispiel 29: Der Schwerpunkt eines regelmäßigen Körpers (Würfel, Kugel, Prisma, Zylinder u. dgl.) liegt im geometrischen Mittelpunkte. Der Schwerpunkt einer Pyramide (Abb. 66) oder eines Kegels liegt im ersten Viertel der Höhe.

XI. Gleichgewicht.

53. Arten des Gleichgewichtes. Bevor wir zur Anwendung der in Punkt 49 gefundenen Gleichgewichtsbedingungen für eine ebene Kraftgruppe schreiten, wollen wir eine Bemerkung über die Ausdrücke: sicheres (stabiles), unsicheres (labiles) und indifferentes Gleichgewicht einschalten.

Einen Gleichgewichts- (oder Bewegungs-)Zustand eines Körpers bezeichnet man dann als sicher (stabil), wenn bei einer Störung dieses Zustandes Kräfte geweckt werden, die den ursprünglichen Zustand wieder herzustellen trachten; ist dies nicht der Fall und suchen die in der gestörten Lage auftretenden Kräfte den Körper immer weiter aus seiner Gleichgewichtslage zu entfernen, so nennen wir das Gleichgewicht unsicher (labil); es kann aber auch der Fall eintreten, daß der Körper in der gestörten Lage weder das Streben zeigt, in die ursprüngliche Lage zurückzukehren, noch auch eine neue anzunehmen, das Gleichgewicht nennt man dann indifferent.

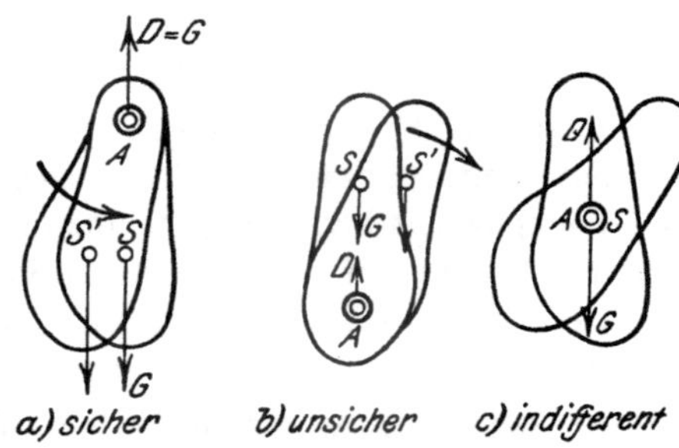

Abb. 67.

Beispiel 30: Ein an einer Achse A (Abb. 67) aufgehängter Körper ist im sicheren Gleichgewichte, wenn A lotrecht über S liegt, denn bei einer Störung der Gleichgewichtslage strebt das Gewicht G den Körper in die vertikale Lage zurückzubringen; wenn A unter S liegt, ist das Gleichgewicht unsicher, weil bei einer Störung keine Kraftwirkung eintritt, die die ursprüngliche Gleichgewichtslage wieder herzustellen strebte, im Gegenteile. Im Falle c) tritt Gleichgewicht auch in jeder abgelenkten Lage ein: man nennt es indifferent.

Aus diesen Betrachtungen sieht man folgendes: Beim sicheren Gleichgewicht befindet sich der Schwerpunkt in einer tiefsten, beim unsicheren in einer höchsten Lage. Wir bemerken jedoch, daß diese „statische Stabilitätsbedingung" für die Beurteilung des Gleichgewichtes eines in Bewegung befindlichen Körpers — etwa eines Flugzeuges in der Luft — unzureichend ist und durch „dynamische" Betrachtungen erweitert werden muß.

54. Gleichgewichtsaufgaben. Die Aufgaben, die wir in den folgenden Anwendungen zu behandeln haben, sind von folgender Art:

Auf Körper, die in gegebener Weise unterstützt sind, wirken gegebene Kräfte (Gewichte usw.) ein: man ermittle die Auflagerdrücke. (Eine zweite Gruppe von Aufgaben: die Gleichgewichtslagen selbst aufzufinden, ist für unsere Zwecke von geringerer Bedeutung).

Nach dem schon in Abschnitt 42 angegebenen Vorgange haben wir die Unterstützungen durch Kräfte zu ersetzen und auf diese (unbekannten) und die gegebenen Kräfte zusammen die Gleichgewichtsbedingungen anzuwenden. Da wir Reibungen wieder ausschließen, werden die Auflagerkräfte senkrecht zu den berührenden Flächen anzubringen sein.

Eine besondere Art der Stützung ist das sog. Gelenk, d. i. die Lagerung in einem Zapfen. Für den Auflagerdruck eines Gelenkes — Gelenkdruck — sind Richtung und Größe unbekannt, beide Bestimmungsstücke müssen auf Grund der Gleichgewichtsbedingungen ermittelt werden; bekannt ist nur, daß die Wirkungslinie des Gelenkdruckes durch den Drehpunkt des Gelenks hindurchlaufen muß.

Die Anzahl der verfügbaren Gleichgewichtsbedingungen ist drei: es können also 3 Unbekannte zeichnerisch oder rechnerisch ermittelt werden — wobei zu beachten ist, daß ein Auflagerdruck in gegebener Wirkungslinie eine Unbekannte, ein Gelenkdruck 2 Unbekannte darstellen.

Die Fälle, die wir hier zunächst zu beachten haben, betreffen die Stützung eines stabförmigen Körpers (Trägers) in einem oder zwei Punkten, auf den in bekannter Anordnung irgendwelche Lasten — Gewichte u. dgl. — aufruhen. — Den Vorgang selbst wollen wir an Hand einiger einfacher Beispiele erläutern.

Die Ermittelung der Auflagerdrücke hat zunächst den Zweck, Bescheid darüber zu erhalten, wie stark die Unterstützungen durch die auf dem Träger aufruhenden Lasten beansprucht werden; ferner ist ihre Kenntnis auch wichtig zur Bestimmung der in jedem Trägerquerschnitt auftretenden „inneren Kräfte“ (der sog. Spannungen) und damit auch der Abmessungen des Trägers selbst.

55. Stützung in einem Punkte. Beispiel 31: Hebel. Mittels eines um einen Punkt O drehbaren Körpers — eines Hebels — (Abb. 68a) soll eine Last Q durch eine Kraft P gehoben werden; welche Beziehung besteht zwischen P und Q?

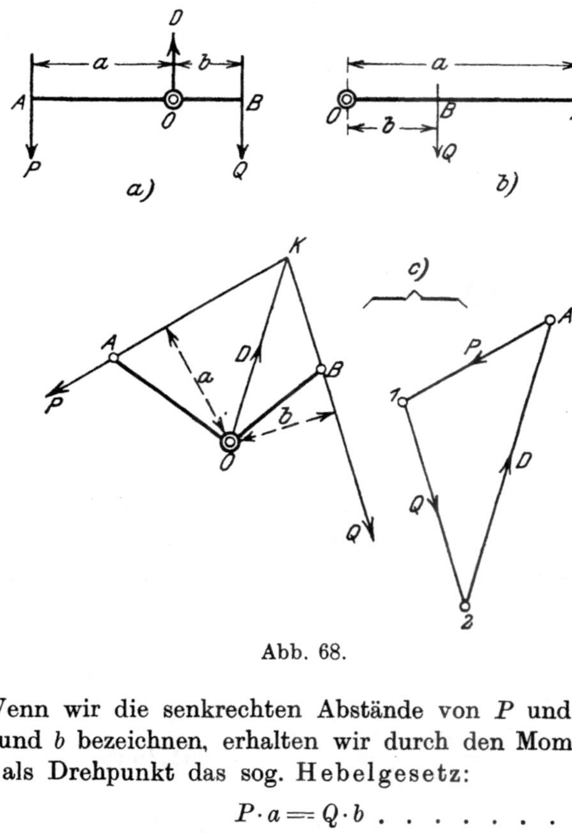

Abb. 68.

Wenn wir die senkrechten Abstände von P und Q von O mit a und b bezeichnen, erhalten wir durch den Momentensatz für O als Drehpunkt das sog. Hebelgesetz:

$$P \cdot a = Q \cdot b \quad \ldots \ldots \ldots \quad (87)$$

in Worten: Kraft mal Arm der Kraft ist gleich Last mal Arm der Last; und daraus:

$$P = Q \cdot \frac{b}{a}.$$

Wenn z. B. $b:a=1:10$, so ist $P=\frac{Q}{10}$, d. h. man kann durch eine Kraft P am längeren Arm eine zehnmal so große Last am kürzeren Arm überwinden.

Der Projektionssatz liefert den Gelenkdruck D in A: $\overline{D}=\overline{P}+\overline{Q}$; D, P und Q zusammen sind im Gleichgewichte.

Die zeichnerishe Darstellung des Gleichgewichtes dieser 3 Kräfte ist bei Abb. 68c angegeben.

Der Hebel wird a) als zweiarmiger, b) als einarmiger oder c) als Winkelhebel ausgeführt, Abb. 68.

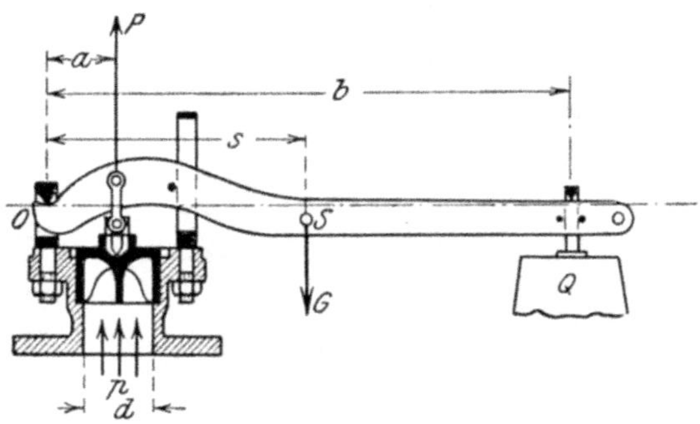

Abb. 69.

Beispiel 32: Eine Anwendung des Hebels trifft man beim Sicherheitsventil eines Dampfkessels, für das das Gewicht Q so zu bestimmen sei, daß das Ventil bei einem vorgegebenen Dampfdrucke p kg/cm² „abzublasen" beginnen soll.

Sei nach Abb. 69 $a=5$ cm, $b=50$ cm, $p=5$ kg/cm² $=5$ at, $d=80$ mm, so ist der gesamte auf den Ventilteller wirkende Dampfdruck:

$$P=\frac{d^2\pi}{4}\cdot p=\frac{\pi\cdot 8^2\cdot 5}{4}=251{,}28 \text{ kg}$$

und das am Ende anzubringende Gewicht nach Gl. (87):

$$Q=P\cdot\frac{a}{b}=\frac{251{,}28\cdot 1}{10}=25{,}128 \text{ kg}.$$

Wollte man auch das Eigengewicht G des Hebels berücksichtigen, so müßte man es am Schwerpunkt S anbringen und die Gl. (87) zu ersetzen durch:

$$P \cdot a = Q \cdot b + G \cdot s,$$

woraus sich die notwendige Belastung Q etwas kleiner ergeben würde als zuvor.

56. Stützung in zwei Punkten.

I. Eine Einzellast.

Wenn ein wagrechter Balken (Abb. 70a) an zwei Stellen (A und B) aufliegt und irgendwo eine Last P trägt, so sind nach dem schon mehrfach verwendeten Verfahren die in diesen Punkten auftretenden Stützdrücke so zu bestimmen, daß sie mit P im Gleichgewichte sind.

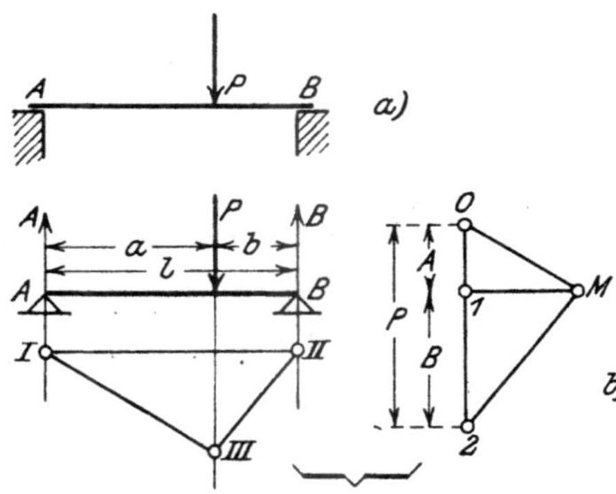

Abb. 70.

Ruht der Träger auf wagrechten Unterlagen auf, die nur in lotrechter Richtung Widerstand zu leisten vermögen, so sind die Stützdrücke senkrecht zur Unterlage anzubringen. Solche Auflagen werden in der Regel durch kleine Dreiecke (Abb. 70b) (Schneiden) gekennzeichnet.

Die Aufgabe kommt darauf hinaus, P in 2 parallele Teilkräfte (A und B) in gegebenen Wirkungslinien zu zerlegen. Die Durchführung ist folgende:

a) Zeichnerisch: Für die Zerlegung von P in die Teilkräfte A und B verwendet man die Methode des Seilpolygons. Man macht $\overline{0\,2} = P$, wählt einen Pol M und einen Punkt III auf P; durch III zieht man Parallele zu $0M$ und $M2$, die die Wirkungslinien von A und B in I bzw. II schneiden. Die Parallele durch M zu $I\,II$ schneidet auf P die gesuchten Auflagerdrücke A und B ab, $\overline{21} = B$, $\overline{10} = A$.

Eine einfachere Konstruktion der beiden parallelen Teilkräfte A und B von P ist in Abb. 71 gegeben. Man trage P auf seiner eigenen Wirkungslinie auf, ziehe durch die Endpunkte von P zwei beliebige, zueinander parallele Gerade, und in dem so entstehenden Parallelogramm eine Diagonale; dann schneidet diese auf P in der aus der Abbildung ersichtlichen Weise die Auflagerdrücke ab. (Der Beweis wird aus den entstehenden ähnlichen Dreiecken und dem Momentensatz leicht erbracht.)

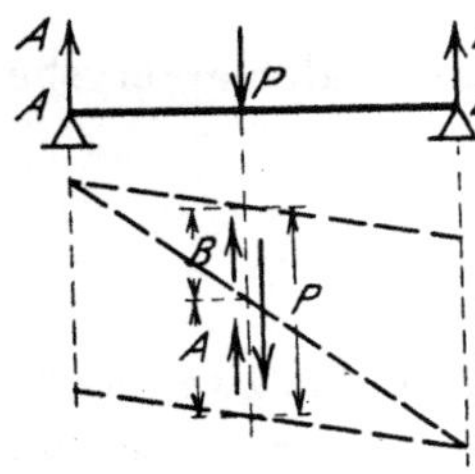

Abb. 71.

b) Rechnerisch: Der Projektionssatz nach der Lotrechten liefert sofort:

$$P = A + B.$$

Um A und B selbst zu bestimmen, wenden wir den Momentensatz für die Punkte B und A (Abb. 70b) an. Es ergibt sich

$$\text{für } B \;\ldots\; A \cdot l = P \cdot b,$$
$$\text{für } A \;\ldots\; B \cdot l = P \cdot a$$

und daraus

$$A = P \cdot \frac{b}{l}, \qquad B = P \cdot \frac{a}{l}. \quad \ldots\ldots \quad (88)$$

Beispiel 33: Kragträger (Abb. 72). Ein Träger AC sei an einem Ende C mit einer Last $P = 100$ kg belastet und in A und B gestützt. Damit die beiden an A und B in lotrechter Richtung angreifenden Kräfte zusammen mit P im Gleichgewichte sein können, muß B nach oben, A nach unten wirken und es muß $B - A = P$, und $B > P$ sein.

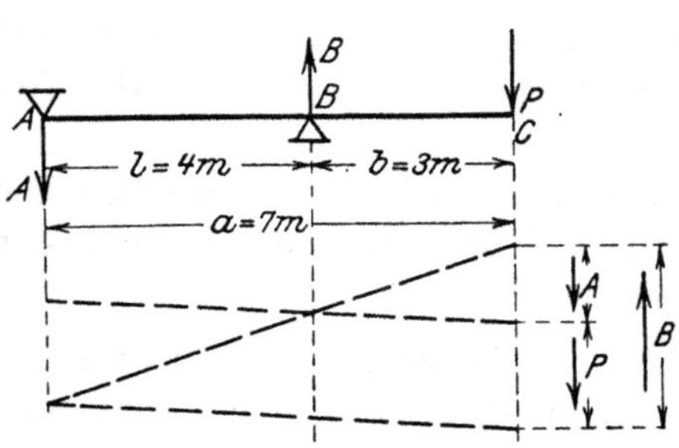

Abb. 72.

Die zeichnerische Lösung nach dem oben gegebenen einfachen Verfahren ist in die Abbildung eingetragen und bedarf keiner weiteren Bemerkungen.

Rechnerisch ergibt sich für Momentenpunkt

in B: $$A = P \cdot \frac{b}{l} = 100 \cdot \frac{3}{4} = 75 \text{ kg},$$

in A: $$B = P \cdot \frac{a}{l} = 100 \cdot \frac{7}{4} = 175 \text{ kg},$$

$$B - A = 175 - 75 = 100 \text{ kg}.$$

II. Mehrere Einzellasten.

Der Vorgang zur Bestimmung der Auflagerdrücke ist — in sinngemäßer Erweiterung des in I. Gesagten — der folgende:

a) Zeichnerisch: Wenn auf dem Träger AB (Abb. 73) die Lasten P_1, P_2, P_3, P_4 stehen, so suche man zunächst von diesen die Mittelkraft P und zerlege diese Mittelkraft gerade so, als ob sie allein vorhanden wäre, also nach I a).

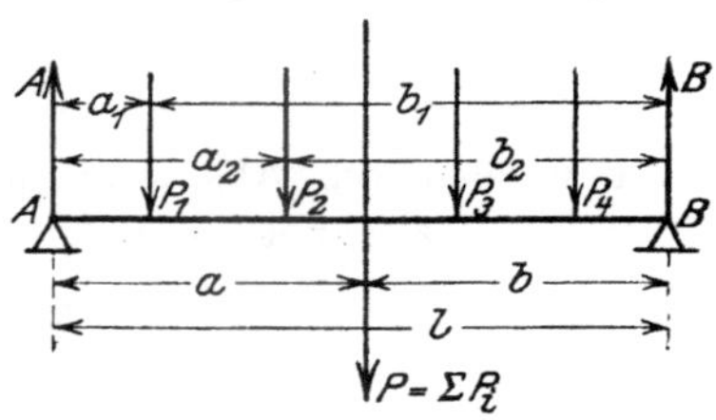

Abb. 73.

b) Rechnerisch: Der Momentensatz liefert sofort die Auflagerdrücke. Wir erhalten für den Drehpunkt

in B . . . $A \cdot l = P_1 b_1 + P_2 b_2 + \ldots = \Sigma P_i b_i$,
in A . . . $B \cdot l = P_1 a_1 + P_2 a_2 + \ldots = \Sigma P_i a_i$

und daraus

$$A = \frac{1}{l} \Sigma P_i b_i, \quad B = \frac{1}{l} \Sigma P_i a_i \quad . \quad . \quad . \quad (89)$$

III. Gleichförmig verteilte Lasten.

Die Zusammenfassung der Kräfte zu einer Mittelkraft können wir offenbar auch dann durchführen, wenn die Lasten auf dem Träger gleichförmig ausgebreitet sind, so wie annähernd z. B. das Eigengewicht eines geraden Brückenträgers oder die Luftkräfte auf die Tragflächen eines Flugzeuges.

Die Belastung betrage etwa q kg auf 1 m Trägerlänge, also q kg/m.

Wenn sich die Belastung über die ganze Länge erstreckt (Abb. 74), so ist die Mittelkraft, d. h. die Gesamtlast

$$P = l \cdot q \text{ kg},$$

also die Auflagerdrücke offenbar

$$A = B = \tfrac{1}{2} l \cdot q \text{ kg}.$$

Ist nur ein Teil m der Länge l mit Last bedeckt (Abb. 75)

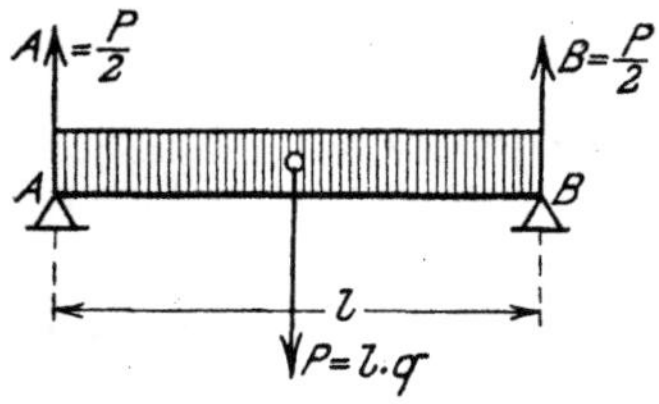

Abb. 74.

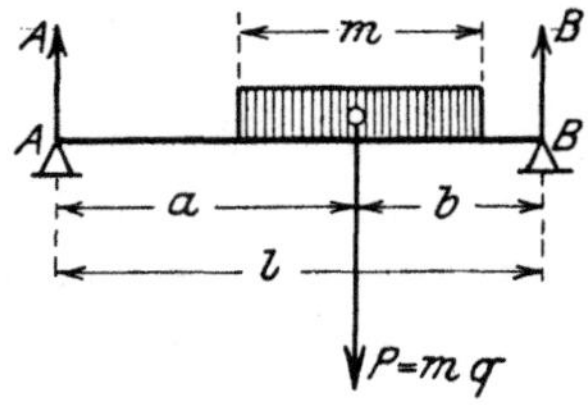

Abb. 75.

und werden die Abstände der Lastmitte von A und B mit a und b bezeichnet, so ist

$$A = mq\frac{b}{l}, \qquad B = mq\frac{a}{l}.$$

57. Weitere Aufgaben. Beispiel 34: Ein Stab vom Gewichte G ist in der aus Abb. 76 ersichtlichen Weise in A gelenkig befestigt und stützt sich in B an eine Wand; wie groß ist der Gelenkdruck A und der Druck B der Wand?

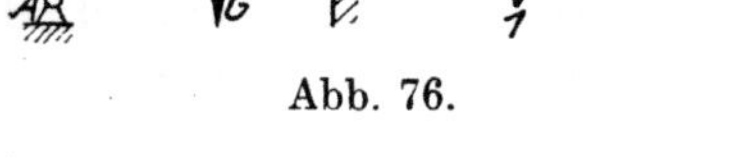

Abb. 76.

B ist senkrecht zur Wand anzubringen, und da 3 Kräfte nur im Gleichgewichte sein können, wenn sie sich in einem Punkte schneiden, so muß die Richtung des Gelenkdruckes A durch den Schnitt K von B und G laufen; das Kraftdreieck liefert die Größen von B und A.

Bemerkung: Bei allen diesen Aufgaben beachte man, daß der Sinn von G im Krafteck auch den Sinn von A und B bestimmt; die Forderung, daß das Krafteck geschlossen ist, bedeutet ja stets, daß jede Kraft mit ihrem „Pfeil" in das Krafteck zu übertragen ist.

Beispiel 35: Ein Stab AB stützt sich in der in Abb. 77 gezeichneten Weise und ist am Ende mit P kg belastet; man ermittle die Drücke in A und B.

Wieder ist die Richtung von *B* bekannt, da sie senkrecht zum Stab steht, die Richtung von *A* läuft sodann durch den Schnitt *K* von *B* und *P*. —

In diesen zwei Beispielen, in denen nur 3 Kräfte vorkommen, führt sich die Aufgabe von selbst auf Kräftegruppen

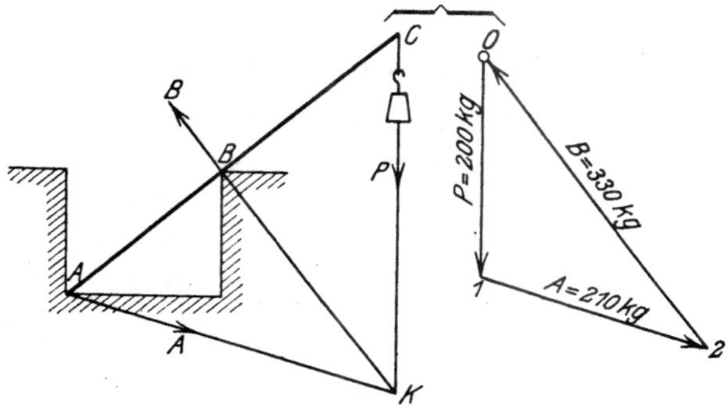

Abb. 77.

durch einen Punkt zurück. Sind mehr als 3 Kräfte vorhanden, dann muß man die allgemeineren Methoden verwenden.

Beispiel 36: Ein Stab *AB* vom Gewichte $G = 100$ kg stützt sich an Boden und Wand (Abb. 78), bei *B* greife außerdem noch die Kraft $Q = 30$ kg an. Unter welchem Winkel α ist Gleichgewicht und wie groß sind die Drücke auf Boden und Wand?

Für Aufgaben dieser Art führt die zeichnerische Lösung nicht zum Ziele, da wir erst die „Stellung" des Stabes zu suchen haben; hier bleibt nichts übrig als die Rechnung. Wir bringen die Drücke *A* und *B* an, legen das Achsenkreuz *xy* so, wie es die Zeichnung unmittelbar eingibt, d. i. nach der Wagrechten und Lotrechten, und erhalten nach dem Projektionssatz

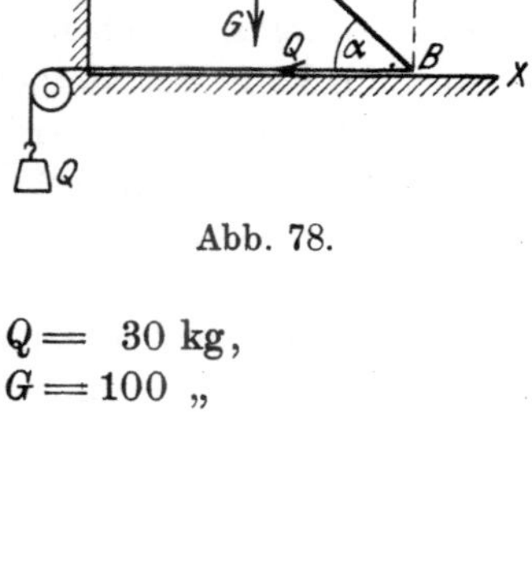

Abb. 78.

$$\text{für } x \quad . \; . \; . \quad A = Q = 30 \text{ kg},$$
$$\text{„} \; y \quad . \; . \; . \quad B = G = 100 \text{ „}$$

und nach dem Momentensatz für C als Drehpunkt

$$Q \cdot l \sin \alpha - G \cdot \tfrac{1}{2} \cdot l \cdot \cos \alpha = 0,$$

also

$$\operatorname{tg} \alpha = \frac{G}{2Q} = \frac{100}{60} = 1{,}66; \quad \alpha = 59^0.$$

XII. Stabverbindungen.

58. Allgemeine Festsetzungen. Die einfachsten und am häufigsten verwendeten Tragkonstruktionen sind die aus geraden Stäben bestehenden, von denen wir annehmen, daß sie in „reibungslosen Gelenken“ miteinander verbunden sind; damit drücken wir aus, daß die Stäbe nur Kräfte, aber keine Momente übertragen können. Die Stäbe sollen in solcher Zahl vorhanden sein, daß die Knotenpunkte (Gelenke) alle gegeneinander in unveränderlichen Abständen gehalten werden, das ganze Tragwerk also starr ist. Wenn zu wenig Stäbe sind, so könnten sich einzelne Teile des Tragwerks gegeneinander verdrehen, sind mehr vorhanden, als zur gegenseitigen Festlegung der Knotenpunkte gerade notwendig sind, so tritt ebenfalls eine Unbestimmtheit ein — diese beiden Sonderfälle wollen wir ausschließen.

Von den auf eine solche Stabverbindung einwirkenden Lasten wollen wir annehmen, daß sie sämtlich an den Knotenpunkten angreifen, bzw. wenn dies nicht von vornherein der Fall ist, wollen wir sie (nach den statischen Gesetzen für die Zerlegung) so verteilen, daß diese Voraussetzung erfüllt ist. Die Eigengewichte werden vernachlässigt, bzw. ebenfalls auf die Knotenpunkte der Stäbe verteilt und den Knotenlasten zugeschlagen.

Die Aufgabe, die die Statik zu lösen hat, ist dann, die in den einzelnen Stäben auftretenden Kräfte zu ermitteln, woraus mit Hilfe der Methoden der „Festigkeitslehre“ die Stabquerschnitte bestimmt werden.

Eine solche Stabverbindung ist dann in 2 Punkten aufliegend oder festgehalten anzunehmen, damit sie als „Tragwerk“ angesehen werden kann.

Bevor an die Ermittlung der Stabkräfte selbst geschritten werden kann, haben wir nach dem schon oft gegebenen Vorgange die Auflagerdrücke zu ermitteln, die — denn so sind sie ja zu bestimmen — mit den gegebenen Kräften im Gleichgewicht sein müssen.

Wir können also unseren Betrachtungen eine Stabverbindung zugrunde legen, die als Ganzes unter dem Einfluß von Kräften, die an den Gelenken angreifen, im Gleichgewichte ist. Im Gegensatz zu diesen „äußeren Kräften“ wollen wir die in den Stäben auftretenden als „innere Kräfte“ oder „Spannungen“ bezeichnen.

Zur Lösung der hierher gehörigen Aufgaben machen wir von folgenden unmittelbar einleuchtenden Bemerkungen Gebrauch:

a) Wenn eine Stabverbindung als Ganzes im Gleichgewichte ist, so ist jeder Knoten unter dem Einfluß der an ihm angreifenden Last und der Spannungen der durch ihn verbundenen Stäbe im Gleichgewichte, d. h. die Kräfte bilden ein geschlossenes Krafteck.

b) Ein Stab, der zwei Knotenpunkte verbindet, überträgt nur Zug- bzw. Druckkräfte, deren Richtung mit der Stabachse zusammenfällt. —

59. Verfahren zur Ermittlung der Stabspannungen. Wir wollen nun das Verfahren an einigen einfachen Beispielen erläutern.

In Abschnitt 42 haben wir die Spannungen in 2 Seilen bzw. 2 Stäben eines Bockes berechnet, der an dem Knotenpunkt belastet war. Den 3 Kräften durch diesen Punkt entsprach im Krafteck ein geschlossenes Dreieck.

Wir wollen die Abb. 41 dadurch vervollständigen, daß wir die beiden Punkte A und B noch durch einen dritten Stab miteinander verbinden und an den Punkten A und B zwei Kräfte P_1 und P_2 anbringen, die zusammen mit den in C angreifenden P_3 im Gleichgewichte sein sollen, d. h. ein geschlossenes Krafteck bilden (Abb. 79) und durch einen Punkt D hindurchgehen.

Um die Stabspannungen S_1 S_2 S_3 zu bestimmen, betrachten wir das Gleichgewicht der drei Gelenke ABC gesondert, indem wir uns die Stäbe zerschnitten und an den Schnittstellen die betreffenden Stabspannungen angebracht denken. Es sind also im Gleichgewichte

a) im Punkt A: die Kräfte $P_1 S_2 S_3$,
b) im Punkt B: die Kräfte $P_2 S_3 S_1$,
c) im Punkt C: die Kräfte $P_3 S_1 S_2$.

Für jeden Punkt kann man also ein Krafteck zeichnen, das die bezeichneten Kräfte als Seiten enthält; in Abb. 79 sind die Dreiecke ebenfalls mit a) b) c) bezeichnet.

Diese Dreiecke können wir nun zusammenlegen und erhalten die in Abb. 79 mit d) bezeichnete Figur, die gleichzeitig das Kraftdreieck der gegebenen äußeren Kräfte und die Stabspannungen enthält.

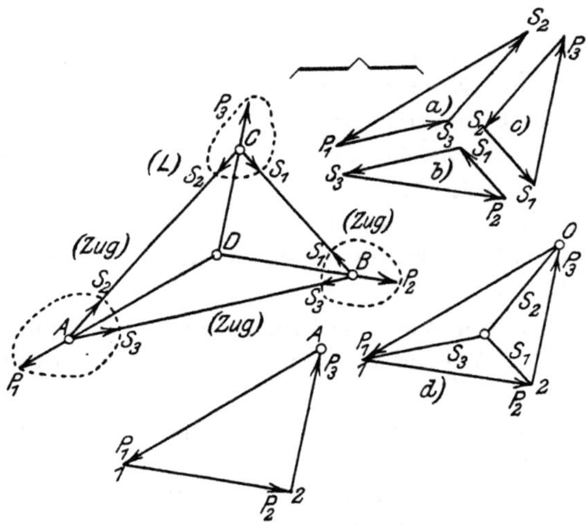

Abb. 79.

Diese Figur ist aus der ursprünglichen dadurch hervorgegangen, daß durch den Punkt 2 des Kraftecke̲s, in dem P_2 und P_3 aneinanderstoßen, eine Parallele zu dem (ihre Angriffspunkte B und C verbindenden) Stab S_1, durch 0 eine Parallele zu S_2 und durch 1 eine solche zu S_3 gezeichnet wurde.

Aus der Abb. 79 (Lageplan L) und (d) sieht man also: je 3 Kräfte, die in (L) durch einen Punkt gehen, bilden in (d) ein geschlossenes Dreieck, und je 3 Kräfte, die in (L) ein Dreieck bilden, gehen in (d) durch einen Punkt.

Man kann also zu der ursprünglichen Figur (L) nur durch

Ziehen von Parallelen eine neue (*d*) zeichnen, die sogleich die Stabspannungen (im gewählten Kraftmaßstabe!) angibt.

Man nennt diese neue Figur (*d*) die reziproke Figur zur ersten, oder wenn diese Figur (*d*) so angeordnet ist, daß sie jede Kraft nur ein einziges Mal enthält, einen Cremonaschen Kräfteplan.

Aus der Beschaffenheit der Aufgabe selbst ersehen wir, daß die 3 Stäbe offenbar gezogen werden; das Kennzeichen dafür ist, daß die „Pfeile" in den Abb. a) b) c) mit jenen übereinstimmen, die wir in (*L*) angenommen haben.

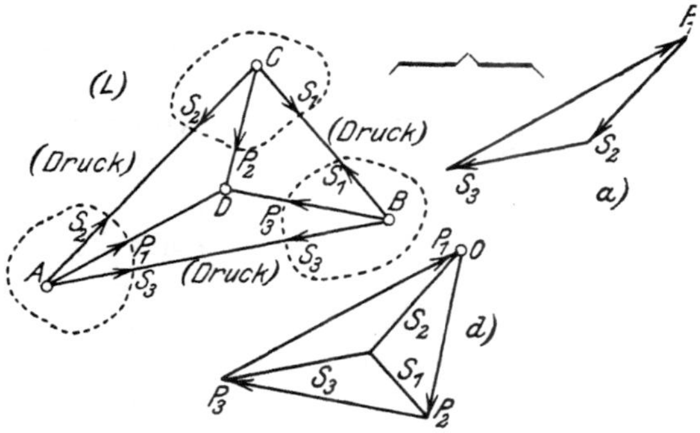

Abb. 80.

Kehren wir die Richtungen der 3 Kräfte P um und gehen wir in gleicher Weise vor, indem wir wieder die Stabkräfte von den Knotenpunkten weggerichtet annehmen (Abb. 80), so bleibt sonst alles gleich; es werden nur die „Pfeile", die wir in den Kraftdreiecken a) b) c) durch Verfolgung des durch die Kräfte $P_1\, P_2\, P_3$ bzw. festgelegten Umlaufsinnes erhalten, den in (*L*) (Abb. 80) eingetragenen entgegenlaufen, d. h. aber nichts anderes, als daß die Stäbe nicht gezogen, sondern gedrückt werden (wie es ja die Aufgabe selbst unmittelbar erkennen läßt).

Dieses Kennzeichen ist immer heranzuziehen, wenn die Unterscheidung zwischen Zug und Druck nicht so unmittelbar ersichtlich ist, wie hier. Also: Übereinstimmung der Pfeile bedeutet Zug, Nichtübereinstimmung Druck.

Die Unterscheidung ist schon deshalb wichtig, weil die Stäbe, die nur auf Zug beansprucht werden, auch als Seile (im Flugzeugbau: Drahtseile) ausgebildet werden können, während die gedrückten (z. B. die Stiele) unbedingt „steif“ auszuführen sind.

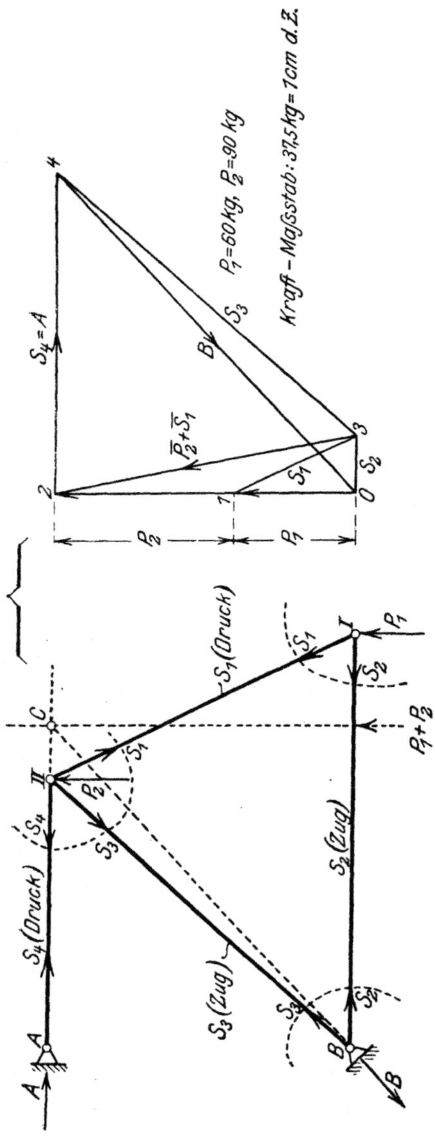

Abb. 81.

60. Einfache Zelle. Beispiel 37: Man ermittle die Stabspannungen der in Abb. 81 dargestellten Stabverbindung, die in den Punkten A und B festgehalten sind und in I und II durch lotrecht nach oben wirkende Kräfte P_1, P_2 belastet ist. (Die Stabverbindung ist als eine ganz einfache Zelle eines Flugzeuges gedacht, die Kräfte P_1 und P_2 die lotrecht nach oben angenommenen Luftkräfte, in den Knotenpunkten vereinigt!)

Lösung: Wir tragen zunächst seitlich $\overline{01} = P_1$, $\overline{12} = P_2$ ab; nun denken wir uns den Knoten I zerschnitten und ziehen durch die Endpunkte 0 und 1 von P_1 im Krafteck die Parallelen zu S_1 und S_2; deren Schnitt 3 gibt sogleich die Größe dieser Stabkräfte und nach dem oben gegebenen Kennzeichen sieht man, daß S_2 gezogen, der „Stiel“ S_1 gedrückt wird.

Nun gehen wir zu Knoten *II* über: da wir S_1 selber bestimmt haben, vereinigen wir S_1 mit P_2 zu der Kraft $\overline{3\,2}$ und zerlegen diese nach den Richtungen S_3 und S_4, indem wir durch 3 eine Parallele zu S_3, durch 2 eine Parallele zu S_4 legen; ihr Schnitt 4 gibt die Größen: $\overline{2\,4} = S_4$ (Druck), $\overline{4\,3} = S_3$ (Zug).

Da der ganze Druck S_4 durch das Auflager A aufzunehmen ist, so ist der Auflagerdruck $A = S_4$. Da ferner die Kräfte P_1, P_2, A und B im Gleichgewichte sein müssen, folgt sogleich $\overline{4\,O} = B$.

Der Knotenpunkt B ist unter den Kräften $B\,S_3\,S_2$ im Gleichgewichte: tatsächlich bilden $B\,S_3\,S_2$ im Kraftplan ein geschlossenes Dreieck und S_2 und S_3 folgen auch hieraus als Zugspannungen.

Hierbei muß sich folgende Kontrolle ergeben: P_1, P_2, A und B bilden eine Gleichgewichtsgruppe; wenn wir daher die Mittelkraft von P_1 und P_2 (links) aufsuchen und mit der Wirkungslinie von $A\,(S_4)$ zum Schnitt C bringen, so muß der Auflagerdruck B durch diesen Punkt hindurchgehen.

Man beachte, daß die Spannungen S_i im Kraftplan für die beiden Knoten, die der betreffende Stab verbindet, mit „entgegengesetzten Pfeilen“ auftreten; die Regel für die Unterscheidung in Zug oder Druck muß natürlich für beide Knoten das gleiche Ergebnis liefern. In Abb. 81 (rechts) sind die Pfeile bei den S_i fortgelassen.

Als Regel für die Einzeichnung der äußeren Kräfte (P_1, $P_2, \ldots$, A, B) in dem Kraftplan sei noch angegeben, daß diese in der Reihenfolge einzutragen sind, wie sie am Umfang des Tragwerks aufeinander folgen (also P_1, P_2, A, B!), sonst ist die Bedingung nicht zu erfüllen, daß auch jede Stabspannung im Kraftplan nur einmal vorkommen soll.

Die genauere „Berechnung“ einer Tragzelle wird sich natürlich nicht damit begnügen, die Zug- bzw. Druckkräfte in den einzelnen Stäben zu bestimmen, sondern wird insbesondere auch die Biegungsbeanspruchungen zu berücksichtigen haben.

Bei allen diesen Aufgaben ist es wichtig, sich den gedanklichen Inhalt der erhaltenen Ergebnisse klarzumachen und diesen vollständig frei zu verwerten, sich also nicht ängstlich an die Sätze wie an Vorschriften zu klammern; wie man im einzelnen die Gleichgewichtssätze anzuwenden hat, darüber entscheidet die Übung, die man sich in der Anwendung erworben hat, immer gibt es verschiedene Wege, die zum Ziel führen.

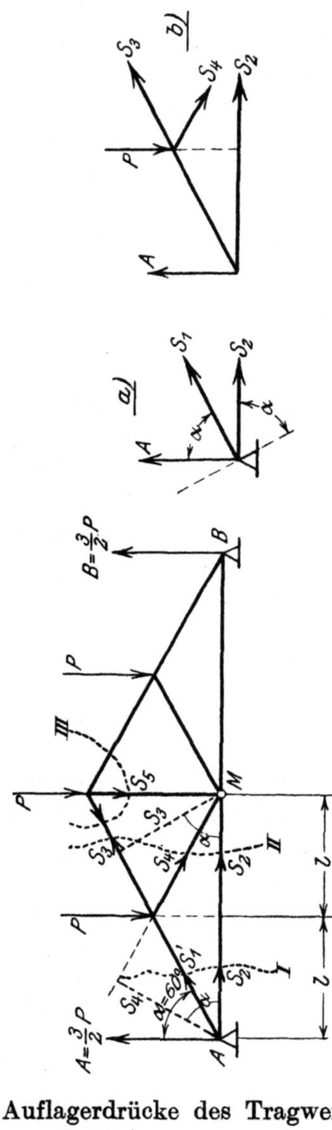

Abb. 82.

61. Rechnerische Ermittlung der Stabspannungen. Um die Spannungen der Stäbe einer Stabverbindung rechnerisch zu ermitteln, verwenden wir die allgemeinen Gleichgewichtsbedingungen einer ebenen Kräftegruppe: den Projektionssatz und Momentensatz; insbesondere der letztere leistet die wertvollsten Dienste. Das hierbei verwendete Verfahren rührt von Ritter her und besteht in folgendem Vorgange, den wir an dem Beispiel 38, eines einfachen Dachträgers nach Abb. 82, der an 3 Knotenpunkten mit den 3 gleichen Kräften P belastet ist, erläutern wollen.

Das Verfahren von Ritter besteht darin, einen Teil des Tragwerkes durch einen (gedachten) Schnitt abzutrennen und das Gleichgewicht dieses Teiles für sich zu betrachten.

Hierzu ist es — wie bei diesen Aufgaben immer — zunächst erforderlich, nach den oben dargelegten Methoden die Auflagerdrücke des Tragwerkes zu ermitteln, wozu das ganze Tragwerk (ungeachtet seiner besonderen Gliederung) als starrer

Körper angesehen wird, der an den Punkten A und B unterstützt ist, an welchen Stellen lotrechte Drücke A und B auftreten sollen.

Nun führen wir den Schnitt I und betrachten den linken Teil (Abb. 82 a). Da die Stäbe (der Annahme gemäß) nur Zug- oder Druckwirkungen übertragen sollen, werden wir die Wirkung des abgetrennten Teiles dadurch in Rücksicht ziehen können, daß wir die Stabkräfte S_1 und S_2 in den Richtungen der bez. Stäbe anbringen.

$A S_1 S_2$ bilden nun eine Gleichgewichtsgruppe; das Verschwinden der Summe der Projektionen nach der Lotrechten liefert:

$$A + S_1 \cos\alpha = 0\,, \qquad S_1 = -\frac{A}{\cos\alpha} = \frac{-3P}{2\cos\alpha} \text{ (Druck)}$$

und nach der Richtung senkrecht zu S_1 (Abb. 82a):

$$A \sin\alpha - S_2 \cos\alpha = 0\,, \qquad S_2 = \frac{3P}{2}\cdot \operatorname{tg}\alpha \text{ (Zug).}$$

Das positive Zeichen besagt, daß die betreffende Spannung von solcher Art ist, wie wir es angenommen haben, also Zug, das negative bedeutet Druck.

In ähnlicher Weise haben wir für Schnitt II (Abb. 82b) die Gleichgewichtsbedingungen für die Gruppe $A P S_2 S_3 S_4$ anzusetzen und erhalten nach dem Momentensatz für Drehpunkt in M:

$$\frac{3}{2}P\cdot 2\cdot l - P\cdot l + S_3 s_3 = 0, \quad S_3 = -\frac{2Pl}{s_3} = -\frac{P}{\cos\alpha} \text{ (Druck),}$$

in A: $$P\cdot l + S_4 s_4 = 0, \quad S_4 = -\frac{P\cdot l}{s_4} = -\frac{P}{2\cos\alpha} \text{ (Druck).}$$

Der Schnitt III liefert endlich nach dem Projektionssatz für die Lotrechte:

$$S_5 + P + 2 S_3 \cos\alpha = 0\,,$$
$$S_5 = P \text{ (Zug).}$$

Z. B. für $P = 2t, \quad \alpha = 60^0$

folgt $A = B = 3t,$

$$S_1 = -6\,t, \quad S_2 = 5{,}19\,t, \quad S_3 = -4\,t,$$
$$S_4 = -2\,t, \quad S_5 = 2\,t.$$

Auf diese Weise können die Stabkräfte für jedes solche „statisch bestimmte“ Tragwerk durch Rechnung gefunden werden. —

Auch aus diesem Beispiele ist die Bedeutung zu erkennen, die die zwei Hauptsätze: der Projektionssatz und der Momentensatz, für die ganze Statik haben; ihre Anwendung zieht sich wie ein roter Faden durch das ganze Gebiet.

XIII. Reibung.

62. Einführung der Reibungskraft. Bei allen bisherigen Betrachtungen sind wir von der Vorstellung ausgegangen, daß zwei berührende Körper nur mit einer Kraft aufeinander wirken, die zur Berührungsfläche senkrecht steht. Wenn dies richtig wäre, so würde daraus folgen, daß man zum Verschieben zweier Körper gegeneinander nur eine verschwindend kleine Kraft nötig hätte. Dem widersprechen jedoch alle unsere Erfahrungen in unzweideutiger Weise und wir sind daher genötigt, eine Verbesserung unserer Vorstellungen vorzunehmen, um dem gegenseitigen Einfluß, den zwei Körper in Richtung ihrer Berührungsfläche aufeinander ausüben, Rechnung zu tragen. Dies geschieht — wie immer bei der Darstellung der Wirkungen zweier Körper aufeinander — durch Einführung einer Kraft, die jetzt in der Berührungsfläche liegt und als Reibungskraft oder kurz als Reibung bezeichnet wird. Eine solche Reibung müssen wir immer annehmen, wenn zwei Körper (an deren Oberflächen ja stets kleinere oder größere Unebenheiten vorhanden sind) miteinander in Berührung sind, ob sie sich nun gegeneinander bewegen oder nicht. Im ersten Falle sprechen wir von Bewegungsreibung, im zweiten von Haftreibung oder auch von Reibung der Ruhe.

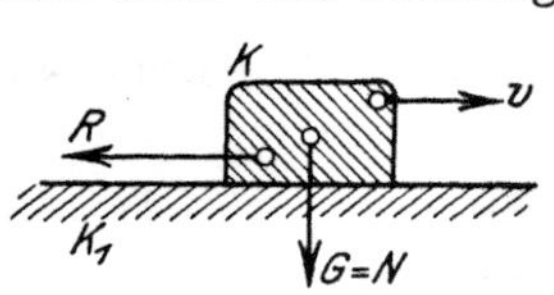

Abb. 83.

63. Bewegungsreibung. Was zunächst deren Richtung betrifft, so ist die Reibung R beim Gleiten eines Körpers über einen anderen offenbar stets der Bewegung entgegengesetzt gerichtet. Wenn sich also (Abb. 83) der Körper K über den Körper K_1 nach rechts bewegt, so ist die auf K einwirkende Reibung nach links gerichtet. Sie wirkt stets gegen die Bewegung, also bewegungshemmend, verzögernd.

Was die Größe von R anbelangt, so lehrt die Erfahrung, daß R vor allem von der Größe des Normaldruckes N abhängt, mit der die beiden Körper aufeinandergepreßt werden, und zwar kann man mit hinreichender Genauigkeit annehmen, daß R diesem Normaldruck N direkt proportional ist; wir können also setzen:

$$R = f \cdot N \quad . \quad . \quad . \quad . \quad . \quad . \quad . \quad (90)$$

Der Proportionalitätsfaktor f ist mithin eine reine (dimensionslose) Zahl, die man als Reibungsziffer oder Reibungszahl bezeichnet.

Die angestellten Versuche zeigen nun, daß f weiterhin nicht allein vom Stoff der in Berührung befindlichen Körper, sondern insbesondere auch von der Beschaffenheit der Oberflächen (glatt oder rauh, trocken oder benetzt) abhängt. Gerade der letztere Umstand, und die (derzeit noch bestehende) Unmöglichkeit, die Beschaffenheit der Oberflächen einwandfrei zu kennzeichnen, bringen es mit sich, daß man für die Rechnungen, in denen man die Reibung zu berücksichtigen hat, für f auf ganz angenäherte Mittelwerte angewiesen ist, die oft von den tatsächlich auftretenden merklich verschieden sein können.

Endlich hängt die Bewegungsreibung auch ab von der Geschwindigkeit der Gleitbewegung der Körper gegeneinander. Auch hierfür läßt sich kein allgemein gültiges Gesetz angeben. Im allgemeinen kann gesagt werden, daß f mit zunehmender Geschwindigkeit beträchtlich abnimmt, was man z. B. für die Bewegung von Metall auf Metall bestätigt findet. Doch kommen auch Fälle vor, in denen f mit größer werdender Geschwindigkeit zunimmt, z. B. für Leder auf Eisen, ein Fall, der für die Maschinentechnik wegen seiner Anwendung auf Riementriebe von Wichtigkeit ist.

Gemessen wird die Bewegungsreibung, indem man unmittelbar die Kraft bestimmt (z. B. abwiegt), die zur Bewegung eines Körpers über einen andern nötig ist.

Zur Verminderung der Bewegungsreibung dienen die Schmiermittel (Wasser, Öl), von denen in der Maschinentechnik bekanntlich fortgesetzt Gebrauch gemacht wird.

64. Haftreibung. Noch weniger einfach als bei der Bewegungsreibung liegen die Verhältnisse bei der Haftreibung.

Zunächst kann darüber ausgesagt werden, daß die Haftreibung ebenfalls die Beziehung (90) erfüllt, nur stellt sich für sie die Reibungsziffer in den meisten Fällen etwas größer heraus als (unter sonst gleichen Umständen) für Bewegungsreibung; bezeichnen wir mit f_0 die Reibungszahl der Haftreibung, so können wir setzen:

$$R = f_0 \cdot N \quad . \quad . \quad . \quad . \quad . \quad . \quad . \quad (91)$$

wobei also $f_0 > f$.

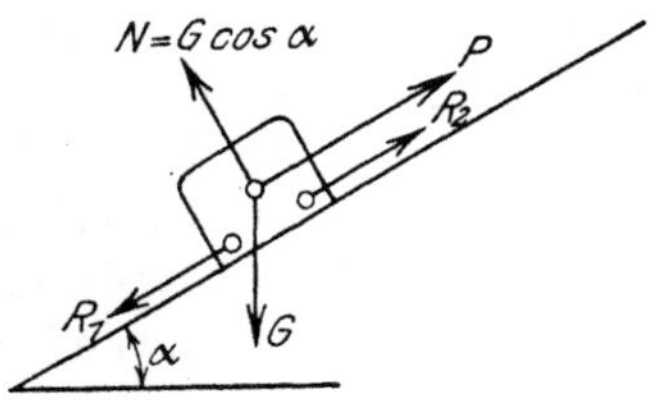

Abb. 84.

Während jedoch die Richtung der Bewegungsreibung vollständig gegeben ist, ist für die Haftreibung auch die Richtung unbestimmt, was etwa durch folgenden einfachen Versuch klargemacht werden kann.

Ein Körper vom Gewichte G, an dem eine Kraft P angreift, sei auf einer rauhen schiefen Ebene im Gleichgewichte (Abb. 84). Wenn man nun P zunehmen läßt, so wird eine Bewegung nicht sogleich eintreten, sondern erst dann, wenn P so groß geworden ist, bis die (der Verschiebungstendenz entgegen, also nach abwärts wirkende) Reibung R_1 überwunden ist.

Umgekehrt, wenn P abnimmt, strebt die Reibung das Herabgleiten zu verhindern und wirkt wieder der einsetzenden Bewegung entgegen, also nach oben (R_2), bis ihre Größe nicht mehr ausreicht, um eine Bewegung hintanzuhalten.

Es gibt also (bei Vorhandensein von Reibung) nicht nur eine einzige Kraft P, für die Gleichgewicht möglich ist, sondern stets einen ganzen Bereich, innerhalb dessen die Kraft P gewählt werden kann. Nur einen bestimmten Größtwert $f_0 \cdot N$ kann die Reibung nicht überschreiten. Ist für eine Reibung unter diesem Wert Gleichgewicht möglich, so tritt es auch wirklich ein. Ist in Richtung der Berührungsebene eine größere Kraft $f_0 \cdot N$ erforderlich, dann reicht die Reibung nicht mehr aus, Gleichgewicht ist nicht mehr möglich. Die Haftreibung kann also jeden Wert $\leqq f_0 \cdot N$ annehmen.

Die Größe von f_0 bestimmt man dadurch, daß man einen Körper vom Gewichte G auf eine um O drehbare schiefe Ebene legt (Abb. 85) und jenen Winkel $\alpha = \varrho$ bestimmt, der der Grenze des Gleichgewichtes entspricht, bei dem mithin das Gleiten beginnt.

Für diesen Winkel $\alpha = \varrho$ erhalten wir nach dem Projektionssatz für x und y:

$$R = G \cdot \sin \varrho\,,$$
$$N = G \cdot \cos \varrho\,,$$

also

$$f_0 = \frac{R}{N} = \operatorname{tg} \varrho\,, \quad . \quad . \quad . \quad (92)$$

d. h. f_0 ist durch die Tangente des Neigungswinkels der schiefen Ebene, der **Reibungswinkel** genannt wird, bestimmt, bei dem das Herabgleiten beginnt.

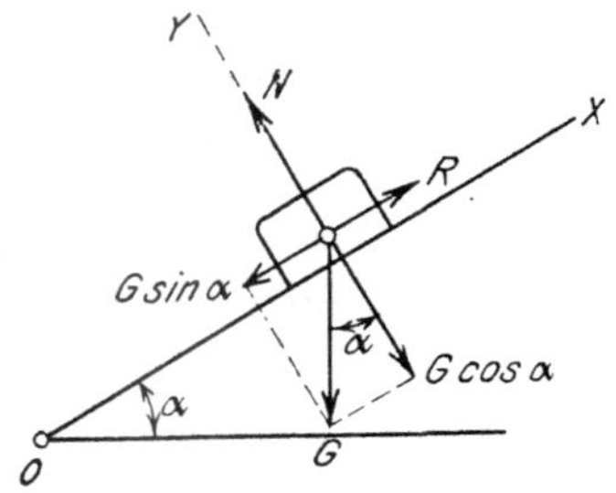

Abb. 85.

65. Keil. Ein im Maschinenbau verwendetes Konstruktionselement ist der Keil; seine Wirkung beruht auf dem Vorhandensein von Reibungen an seinen Seitenflächen.

Abb. 86 zeigt einen Keil K vom Neigungswinkel α, der mit seiner Fläche auf einer Unterlage U aufliegt, und mit seiner geneigten Fläche eine Last Q anhebt, die sich wieder gegen eine lotrechte Führung stützt. (Die Flächen, an denen Reibung auftritt, sind in der Abbildung durch doppelte Linien angedeutet.)

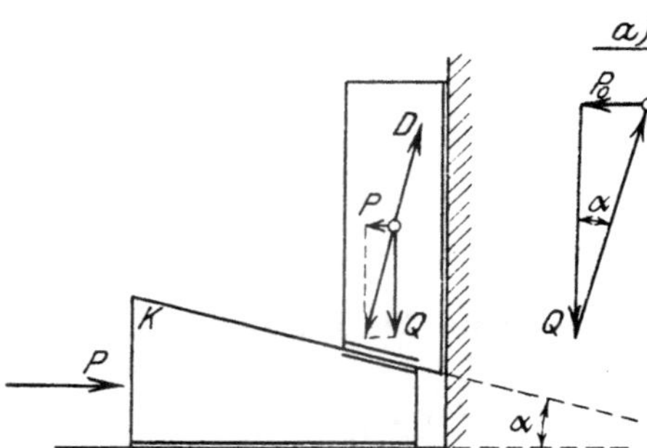

Abb. 86.

Wäre Reibung nicht vorhanden, so würde das in Abb. 86 a gezeichnete Kräftedreieck gelten, da sich die nach rechts gerichtete Keilkraft P zufolge der lotrechten Führung als nach links gerichtet auf den Pfosten überträgt; aus der Abbildung folgt:

$$P_0 = Q \cdot \operatorname{tg} \alpha$$

(P_0 = Kraft bei Abwesenheit von Reibung).

Ist Reibung vorhanden und ist der Reibungswinkel ϱ, so muß man offenbar mehr Kraft aufwenden, und zwar gibt eine einfache Rechnung für die zum Anheben notwendigeKraft

$$P = Q \cdot \operatorname{tg} (\alpha + 2\varrho)$$

und zum Lösen des Keiles

$$P' = Q \cdot \operatorname{tg} (\alpha - 2\varrho).$$

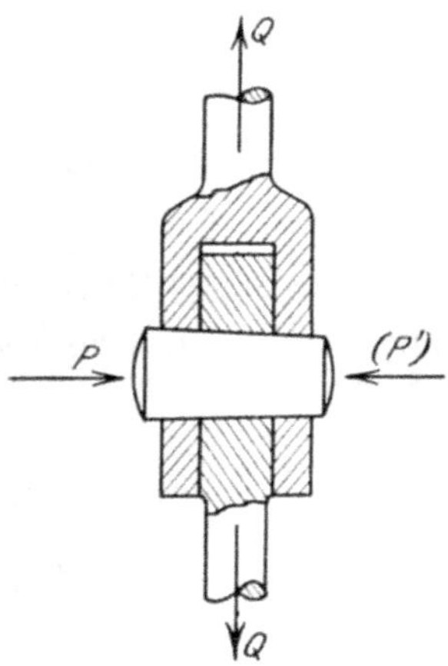

Abb. 87.

Wenn $\alpha \leqq 2\varrho$, so ist P' negativ, d. h. man muß eine Kraft in entgegengesetzter Richtung (also nach links in Abb. 87 z. B.) aufwenden, um den Keil zu lösen; mit anderen Worten, der Keil geht in diesem Falle nicht von selbst heraus, er besitzt Selbstsperrung (oder Selbsthemmung).

Die im Maschinenbau übliche Ausführungsform zeigt Abb. 87, und zwar wird für den „Anzug" des Keiles meist gewählt:

$$\operatorname{tg} \alpha = \frac{1}{20} \text{ bis } \frac{1}{35}.$$

Beispiel 39: Die Belastung einer Stangenverbindung nach Abb. 87 sei $Q = 1000$ kg, ferner sei $\alpha = 2^0\,30'$, $\varrho = 10^0$. Dies ergibt für das

$$\begin{aligned} \text{Anheben: } & P = 1000 \cdot \operatorname{tg} 22^0\,30' = 414 \text{ kg}, \\ \text{Lösen: } & P' = -1000 \cdot \operatorname{tg} 17^0\,30' = -315 \text{ kg}. \\ \text{Ohne Reibung: } & P_0 = 1000 \cdot \operatorname{tg} 2^0\,30' = 44 \text{ kg}. \end{aligned}$$

Eine weitere unmittelbare Anwendung findet sich z. B. bei den Reibungsrädern, die wir in Punkt 16 erwähnt haben, ferner bei der Schraube.

66. Einige Zahlenwerte für f_0 und f. Wie schon oben hervorgehoben, sind alle diese Angaben außerordentlich unzuverlässig und geben nur ganz ungefähre Durchschnittswerte.

Stoffe	Zustand der Oberflächen	f_0	f
Schmiedeeisen auf Schmiedeeisen . . .	trocken	bis 0,44	0,21—0,11
Stahl auf Stahl	„	0,24	0,09—0,03
Metall auf Holz	„	0,6	0,5
„ „ „	geschmiert mit Talg	0,11	0,08
„ „ „	„ mit Wasser	0,65	0,24
Holz auf Holz	trocken	0,55	0,4
„ „ „	geschmiert mit Seife	0,46	0,16
Leder auf Metall . . .	trocken	0,3	—
„ „ Holz	„	0,45	—

67. Zapfenreibung. Um die an den Zapfen und Lagern der Motorwellen auftretende Reibung zu berücksichtigen, bedenke man, daß diese Reibung über alle Stellen des Umfanges von Zapfen und Lager, die miteinander in Berührung sind, verteilt und offenbar stets der Bewegung entgegengerichtet sein wird.

Da wir über die Verteilung des Lagerdruckes über Länge und Umfang des Lagers keine hinreichend genauen Kenntnisse besitzen, ist es üblich, die Reibung summarisch in Rechnung zu setzen, indem man das Drehmoment M um den Mittelpunkt O des Zapfens (Abb. 88) angibt und setzt

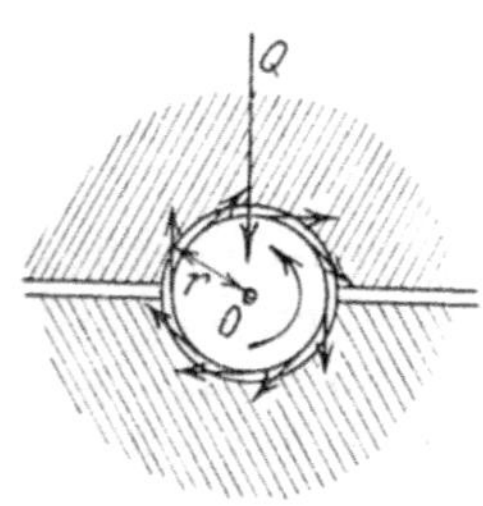

Abb. 88.

$$M = f_1 \cdot Q \cdot r \quad . \; . \; . \; . \; . \; . \; . \quad (93)$$

Das Moment der Zapfenreibung ist also um so größer, je größer der auf den Zapfen entfallende Druck Q und je größer der Halbmesser r des Zapfens ist. f_1 nennt man den Beiwert der Zapfenreibung.

Die Zahlenwerte von f_1 sind ebenso schwankend wie die von f_0 und f. Als ungefähre Anhaltspunkte können gelten für ununterbrochene Schmierung:

Stahl auf Bronze . . . $f_1 = 0{,}06$,
Stahl auf Weißmetall . . $f_1 = 0{,}01$ bis $0{,}06$.

Mit zunehmender Geschwindigkeit nimmt f_1 etwas zu.

Beispiel 40: Für $Q = 60$ kg, $r = 6$ cm, $f_1 = 0{,}06$ ergibt sich:

$$M = 0{,}06 \cdot 60 \cdot 0{,}06 = 0{,}216 \text{ mkg.}$$

68. Rollende Reibung. Auch bei der rollenden Bewegung eines Körpers auf einem andern, z. B. der Bewegung eines Rades auf einer Schiene oder der Fahrgestellräder des Flugzeuges auf dem Erdboden tritt ein Widerstand auf, der davon herrührt, daß das Rad sich an der jeweiligen Berührungsstelle ein wenig abplattet, in die Unterlage ein wenig einsinkt und aus der so entstehenden Vertiefung während der Bewegung gewissermaßen fortwährend wieder herausgehoben werden, bzw. die neu entstehende Einsinkung entgegen der Festigkeit des Materials neu hervorgerufen werden muß. Natürlich wird dieser Widerstand gegen Fortbewegung um so kleiner sein, je weniger stark die Körper ineinander eindringen, d. h. aus je härterem Stoff die Körper bestehen.

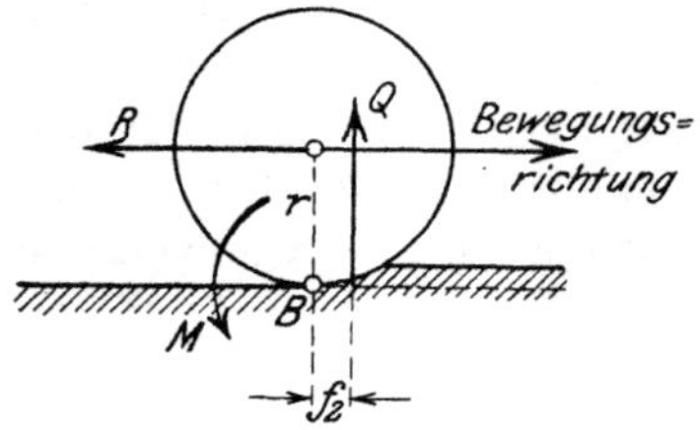

Abb. 89.

Ähnlich wie die früher betrachteten Arten wird also auch die rollende Reibung insbesondere abhängen vom Stoff, aus dem Rad und Unterlage bestehen, und von der Belastung des Rades, d. i. vom Druck Q, mit dem das Rad auf die Unterlage gepreßt wird. Dem Einfluß der rollenden Reibung werden wir wieder durch Einführung einer der Bewegungsrichtung entgegenwirkenden Kraft — der Rollreibung — Rechnung tragen können, deren Größe wir ebenfalls in der Form ansetzen:

$$R = k \cdot Q \quad \ldots \ldots \quad (94)$$

Diese Ziffer ist natürlich wesentlich kleiner als die unter sonst gleichen Umständen für gleitende Reibung geltende; ihre Bestimmung erfolgt am besten direkt durch einen Zugversuch.

Dem Widerstand R entspricht ein Drehmoment um den augenblicklichen Berührungspunkt B (Abb. 89) als Drehpunkt, das während der ganzen Bewegung des Rades zu überwinden ist; dessen Größe beträgt, wenn r den Halbmesser des Rades bedeutet:

$$M = R \cdot r = k \cdot r \cdot Q = f_2 \cdot Q, \quad . \quad . \quad . \quad . \quad (95)$$

wobei gesetzt ist

$$f_2 = k \cdot r \quad . \quad . \quad . \quad . \quad . \quad . \quad . \quad . \quad (96)$$

Dieses f_2 bezeichnet man gewöhnlich als Beiwert der Rollreibung; f_2 hat jedoch (zum Unterschiede von den anderen Reibungszahlen, die reine Zahlen sind) die Dimension einer Länge und stellt (Abb. 89) die Größe dar, um die die Wirkungslinie des Druckes der Unterlage auf das Rad in Richtung der Bewegung verschoben ist.

Angenäherte Mittelwerte für f_2 sind für:

Pockholz auf Pockholz und Eisen auf Eisen } . . . . . $f_2 = 0{,}05$ cm,
Gummiräder auf Wiesengrund . . . $f_2 = 1$ bis $1{,}5$ cm.

Beispiel 41: Handelt es sich um die Schätzung der an den Fahrgestellrädern eines landenden Flugzeuges — im „Auslauf" — wirkenden Reibungskraft R, so benutzt man die Gln. (94) und (96) und erhält für $f_2 = 1{,}25$ cm, $r = 25$ cm, und ein Flugzeuggewicht von 1000 kg:

$$k = \frac{f_2}{r} = \frac{1{,}25}{25} = 0{,}05$$

und

$$R = 0{,}05 \cdot 1000 = 50 \text{ kg}.$$

C. Dynamik.

XIV. Massenkräfte.

69. Erklärung. Nach unseren Festsetzungen erfolgt eine Bewegung nur dann gleichförmig und geradlinig, wenn keine Beschleunigungen — und daher auch keine Kräfte — auf den Körper einwirken. Soll also die Geschwindigkeit eines Körpers entweder der Größe oder der Richtung nach verändert werden, so ist hierzu eine Kraft notwendig. Man nennt diese Kräfte, die also erst durch Änderung der Bewegung ins Spiel kommen, Massendrücke oder Massenkräfte (auch Beschleunigungsdrücke).

Hierzu möge nun sogleich bemerkt werden, daß wir auch die Schwerkraft als Massenkraft — im weiteren Sinne — bezeichnen können, und zwar auch dann, wenn von einer durch sie bedingten Bewegungsänderung nicht gesprochen werden kann, wenn es sich also um reine Druckwirkung auf feste Unterlagen handelt.

70. Beschleunigungen und Kräfte bei der gleichförmigen Drehbewegung. Um zu erfahren, welche Beschleunigungen und Kräfte bei der gleichförmigen Drehbewegung eines kleinen Körpers im Kreise auftreten, betrachten wir seine Geschwindigkeiten in zwei benachbarten Lagen B und C am Kreisumfange (Abb. 90) und tragen diese Geschwindigkeiten von einem seitlich gewählten Punkt M auf; es sei also

zur Zeit t_1 der Körper in B, Geschwindigkeit $v = \overline{Mb}$,
„ „ t_2 „ „ „ C, „ $v = \overline{Mc}$.

Es hat sich also während der Zeit $t_2 - t_1$ zwar nicht die Größe, wohl aber die Richtung geändert, und zwar ist zur Geschwindigkeit in B: $\overline{Mb} = v$ in der Zeit $t_2 - t_1$ der Zuwachs $\overline{bc} = u$ dazugetreten; beide zusammen ergeben die Geschwindigkeit $\overline{Mc} = v$ in C.

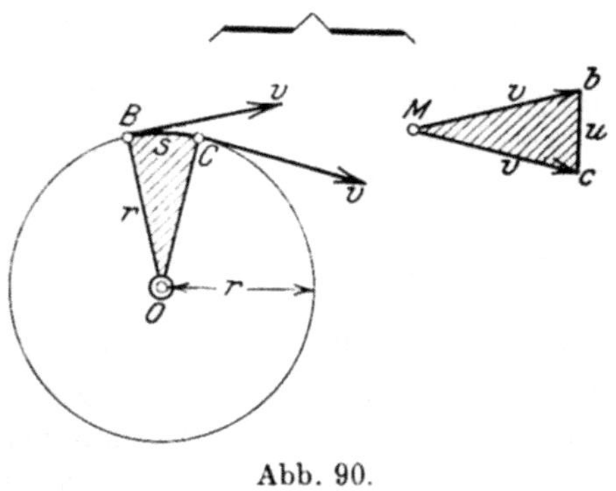

Abb. 90.

Wenn wir die Zeit $t_2 - t_1$ als klein voraussetzen, so können wir die Bewegung in Richtung von u als gleichmäßig beschleunigt ansehen und die für eine solche Bewegung gültige Beziehung (s. Punkt 19):

Geschwindigkeit u
$=$ Beschleunigung b_n
mal Zeit $(t_2 - t_1)$

anwenden; daraus folgt:

$$b_n = \frac{u}{t_2 - t_1}$$

und aus der Ähnlichkeit der Dreiecke

$$\triangle OBC \sim \triangle Mbc$$

folgt

$$\frac{u}{s} = \frac{v}{r}, \quad \text{also} \quad u = v \cdot \frac{s}{r}.$$

Da

$$s = v \cdot (t_2 - t_1), \quad \text{wird} \quad u = \frac{v^2 (t_2 - t_1)}{r}$$

und

$$b_n = \frac{u}{t_2 - t_1} = \frac{v^2 (t_2 - t_1)}{r\,(t_2 - t_1)},$$

also

$$b_n = \frac{v^2}{r} \quad . \quad . \quad . \quad . \quad . \quad . \quad . \quad . \quad (97)$$

Wenn die Winkelgeschwindigkeit der Drehung wie gewöhnlich mit ω bezeichnet wird, also $v = r\omega$, und die Drehzahl n ist, so kann b auch in der Form geschrieben werden:

$$b_n = r\omega^2 = r \cdot \left(\frac{\pi n}{30}\right)^2 \quad . \quad . \quad . \quad . \quad . \quad (98)$$

Da wir die beiden Punkte B und C als sehr nahe angenommen haben, so wird diese Beschleunigung b_n nach dem Halbmesser r gegen den Mittelpunkt zu gerichtet sein; sie wird als Zentripetalbeschleunigung bezeichnet. Zur Erzeugung einer Kreisbewegung muß auf dem sich drehenden Körper stets eine gegen den Mittelpunkt gerichtete Beschleunigung, eine Normalbeschleunigung, wirken, die ihn in jedem Augenblick von der geraden Trägheitsbahn abzieht und in die Kurve zwingt. Durch Multiplikation mit der Masse M erhält man die Zentripetalkraft:

$$Z = M \cdot b_n = \frac{M v^2}{r} = M r \omega^2 \quad . \quad . \quad . \quad . \quad (99)$$

Nach dem Satz der Gleichheit von Wirkung und Gegenwirkung entspricht der nach innen gerichteten Zentripetalkraft eine nach außen gerichtete Fliehkraft oder Zentrifugalkraft (bzw. Beschleunigung), die die Unterstützung des drehenden Körpers, also das Lager, fortgesetzt nach außen zu ziehen trachtet und die man z. B. in der Hand spürt, wenn man einen Stein an einer Schnur im Kreise schwingt.

Beispiel 42: Eine Kugel vom Gewichte $G = 2$ kg drehe sich in einem Kreise von 40 cm Halbmesser mit einer Drehzahl $n = 240$ in der Minute. Wie groß ist die Fliehkraft, die das Lager (und damit auch den Faden, bzw. Stab, an dem die Kugel befestigt ist) beansprucht?

Die Masse der Kugel ist

$$M = \frac{2}{9{,}81}\left(\frac{\text{kg}\,.\,\text{sek}^2}{m}\right),$$

also nach (99)

$$Z = M \cdot r \cdot \left(\frac{\pi\, n}{30}\right)^2 = \frac{2}{9{,}81} \cdot 0{,}4 \cdot \left(\frac{\pi \cdot 240}{30}\right)^2 = 51{,}5 \text{ kg}.$$

71. Fliehkraft eines Körpers. Will man die Fliehkraft berechnen, mit der ein Körper von beliebiger Ausdehnung auf seine Drehachse O wirkt, so nimmt man die Fliehkräfte aller

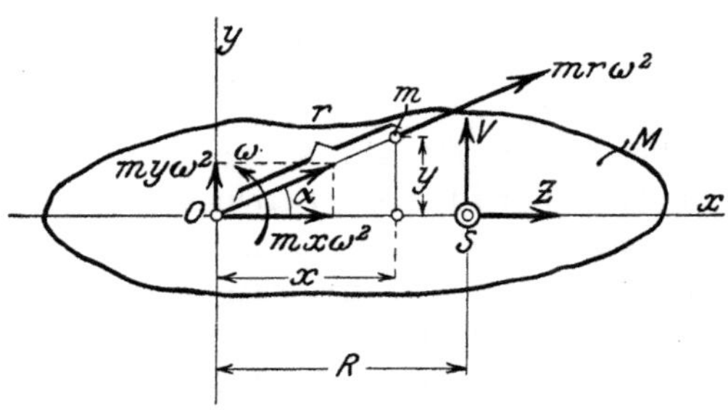

Abb. 91.

Teilchen des Körpers und summiert sie nach den für das Zusammenwirken von Kräften gegebenen Regeln, d. h. durch geometrische Addition der ihnen entsprechenden Strecken.

Für jedes Teilchen m (Abb. 91) ist die Fliehkraft $m\,r\,\omega^2$; um die Fliehkräfte über den ganzen Körper zu summieren, wählen wir ein Achsenkreuz $O\,x\,y$, und zwar (aus einem sogleich ersichtlichen Grunde) so, daß die x-Achse durch den Schwerpunkt S des Körpers geht und die y-Achse dazu senkrecht steht. Nun zerlegen wir die Fliehkraft $m\,r\,\omega^2$ in die Teilkräfte:

$$\left.\begin{aligned} m\,r\,\omega^2 \cdot \cos\alpha &= m\,x\,\omega^2 \text{ nach } x, \\ \text{und}\quad m\,r\,\omega^2 \cdot \sin\alpha &= m\,y\,\omega^2 \quad \text{„} \quad y. \end{aligned}\right\}$$

Durch Addition aller in der x-Richtung liegenden Teilkräfte erhalten wir somit

$$Z = \Sigma m x \omega^2 = \omega^2 \cdot \Sigma m x,$$

da die Winkelgeschwindigkeit ω allen Teilchen gemeinsam ist. Führt man nun den Abstand R des Schwerpunktes in die Rechnung ein, der gegeben ist durch die Gl.

$$M \cdot R = \Sigma m x,$$

so folgt für die obige Summe Z:

$$Z = M R \omega^2 = M R \cdot \left(\frac{\pi n}{30}\right)^2 = M \cdot \frac{V^2}{R}, \quad . \quad (100)$$

wenn V die Geschwindigkeit des Schwerpunktes S bedeutet.

Wenn wir die in Richtung der y-Achse fallenden Teilkräfte addieren, so erhalten wir

$$\Sigma m y \omega^2 = \omega^2 \cdot \Sigma m y = 0,$$

da $\Sigma m y = 0$, weil wir die x-Achse durch den Schwerpunkt gelegt haben.

Man erhält also die Fliehkraft eines Körpers, indem man die Fliehkraft der im Schwerpunkt vereinigten Masse berechnet [Gl. (100)].

Beispiel 43: Eine Luftschraube mit zwei Flügeln habe ein Gewicht von 12 kg; wie groß ist die Fliehkraft für einen Flügel für $n = 1400$ in der Minute, wenn der Abstand des Schwerpunktes eines Flügels mit $R = \frac{1}{3}$ m angenommen werden kann.

Nach Gl. (100) ist

$$Z = \frac{6}{9{,}81} \cdot \frac{1}{3} \cdot \left(\frac{\pi \cdot 1400}{30}\right)^2 = 4366 \text{ kg}.$$

Mit dieser Kraft wird der an der Achse liegende Querschnitt der Luftschraube bei der Drehung „belastet“; die gleiche Kraft würde auch auf die Lager des Motors wirken, wenn nur ein Flügel vorhanden wäre.

Beispiel 44: Flug in der Kurve. Durch Verstellung des Seitensteuers eines Flugzeuges wird ein Drehmoment um eine durch den Schwerpunkt gehende lotrechte Achse erzeugt, wodurch eine Drehung des ganzen Flugzeuges um die Achse eingeleitet wird. Dadurch vergrößern sich die Luftkräfte auf den äußeren Flügel (da sie mit wachsender Geschwindigkeit zunehmen), auf den inneren werden sie kleiner. Das Flugzeug hebt sich daher außen und senkt sich innen, es stellt sich schräg. Zur Erzielung eines Gleichgewichtszustandes beim Kurvenflug wird sodann der Anstellwinkel des äußeren Flügels — durch Betätigung der „Verwindung“ — verkleinert, der des inneren vergrößert.

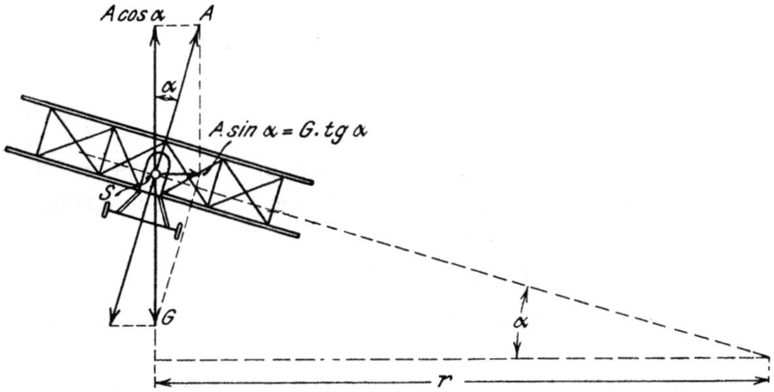

Abb. 92.

Den Neigungswinkel des Flugzeuges in der Kurve gegen die Wagrechte (Abb. 92) bezeichnen wir mit α. Der „Auftrieb“ auf die Tragflächen (den „Widerstand“ lassen wir außer Betracht) steht dann nicht mehr lotrecht, bleibt aber (im wesentlichen) senkrecht zur Tragfläche, wird also auch den Winkel α mit der Lotrechten einschließen.

Soll ein Sinken vermieden werden, so folgt für das Gleichgewicht der Kräfte nach der Lotrechten (Abb. 92)

$$G = A \cdot \cos\alpha\,.$$

Die wagrechte Teilkraft $A \sin\alpha = G \operatorname{tg}\alpha$ von A wirkt nach der Innenseite der Kurve und ist die Zentripetalkraft; nach Gl. (100) ist daher

$$G \cdot \operatorname{tg}\alpha = M \cdot \frac{v^2}{r} = \frac{G}{g} \cdot \frac{v^2}{r}\,,$$

also

$$r = \frac{1}{g} \cdot \frac{v^2}{\operatorname{tg}\alpha} \quad . \quad . \quad . \quad . \quad . \quad . \quad (101)$$

Für eine feste Eigengeschwindigkeit v wird r sonach um so kleiner, je größer die seitliche Neigung α ist.

Ist z. B. $v = 30\,\text{m/sek}$, $r = 60\,\text{m}$, so folgt aus (101)

$$\operatorname{tg}\alpha = \frac{v^2}{g \cdot r} = 1{,}53\,, \qquad \alpha \doteq 57^0.$$

Aus Gl. (101) ist auch zu ersehen, daß schnelle Flugzeuge bei gleicher Neigung α ein größeres r ergeben als langsame. Auf eine ins Einzelne gehende Betrachtung der beim Kurvenflug auftretenden Verhältnisse kann hier naturgemäß nicht eingegangen werden.

72. Massenkräfte bei geradliniger Bewegung. Massenausgleich. Für den Fall der gleichförmigen Drehbewegung ist die Fliehkraft die auftretende Massenkraft; sie äußert sich in Form von Lagerdrücken auf die Unterstützung der Drehachse. Wir haben den Fall der Drehbewegung zuerst besprochen, weil dieser schon aus dem täglichen Leben bekannt und daher dem Verständnis leicht zugänglich ist; ganz ähnliche Erscheinungen treten jedoch auch bei der ungleichförmigen geradlinigen Bewegung auf, und da diese für die Beurteilung des Ganges der Motoren (insbesondere der raschlaufenden) von Wichtigkeit sind so wollen wir hier kurz darauf eingehen.

Die hin und her gehenden Teile (Kolben, Kolbenstange und Schubstange), deren Gesamtmasse mit M bezeichnet sei, werden bei jedem Hub (s. Abb. 24) durch den Druck des Treibmittels (Dampf, Benzin-Luft-Gemisch u. dgl.) zuerst beschleunigt, erreichen eine größte Geschwindigkeit und werden dann verzögert, da sie im nächsten Totpunkt ihre Bewegung umkehren und in diesem für einen Augenblick die Geschwindigkeit 0 erhalten. Zur Beschleunigung der Masse M ist im ersten Teil der Bewegung eine Kraft $= M \times$ Beschleunigung b aufzuwenden, die aber (entsprechend der veränderlichen Beschleunigung) von Stelle zu Stelle verschieden ist, im zweiten Teil wird Kraft von der ihre Bewegung verzögernden Masse auf die Welle abgegeben, d. h. die Richtungen der Massenkräfte sind für die beiden Teile der Bewegung einander entgegengesetzt.

Die Kraft Mb wird sich an jeder Stelle der Bewegung durch das Gestänge auf das Lager übertragen und wird dieses (ähnlich wie die Fliehkraft beim drehenden Körper) fortwährend hin und her zerren; die Kräfte sind für den beschleunigten Teil der Kolbenbewegung bei lotrechtem Zylinder nach unten, für den verzögerten nach oben gerichtet.

Um die Wirkungen dieser Kräfte der hin und her gehenden Massen auszugleichen, werden Mehrzylindermotoren verwendet, deren Kurbeln so gegeneinander verstellt sind, daß sich die auf die Lagerung des Motors übertragenen Massenkräfte im ganzen aufheben. Dazu ist zunächst notwendig, daß in jedem Augenblicke die Summe aller nach unten gerichteten Kräfte gleich der Summe aller nach oben gerichteten und daß die Summe der positiven Momente um jede zur Verbindungsebene der Zylinderachsen senkrechte Achse gleich der Summe der negativen ist (nach den allgemeinen Gleichgewichtsbedingungen für die ebene Kräftegruppe).

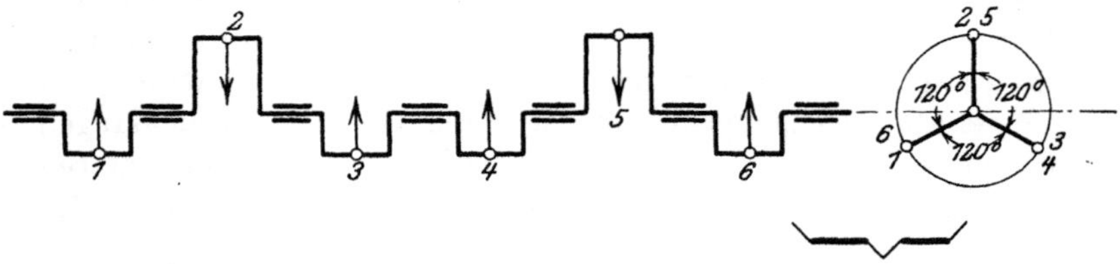

Abb. 93.

Eine Anordnung für einen 6-Zylinder-Motor, der dieser Bedingung Rechnung trägt, ist in Abb. 93 schematisch dargestellt.

Es möge hier jedoch nicht unterlassen werden, darauf hinzuweisen, daß wegen der endlichen Länge der Schubstange die beschleunigten und verzögerten Teile der Kurbelbewegung nicht zur Hauptachse des Motors symmetrisch sind; deshalb ist es auch nicht möglich, den Massenausgleich, wie man diesen Vorgang bezeichnet, vollständig genau durchzuführen; man muß sich vielmehr mit einer, für praktische Zwecke allerdings ausreichenden, Annäherung des Ausgleichs der hin und her gehenden Massen begnügen.

Anders ist es mit den drehenden Massen, bei denen die Fliehkräfte durch symmetrische Verteilung der Massen um die Achse (z. B. nach der in Abb. 93 gegebenen Anordnung) vollständig genau ausgeglichen werden können.

Bei jeder Maschine mit hin und her gehenden Teilen ist ferner zu beachten, daß nicht in jedem Augenblicke die (durch das sog. Indikatordiagramm versinnbildlichte) Kraft des Treibmittels gleich der Massenkraft sein wird, die (auch bei gleichförmiger Drehung der Kurbelwelle!) zur Beschleunigung und Verzögerung der hin und her gehenden Teile nötig ist. Durch diese Abweichung ist eine Ungleichförmigkeit im Gange der Maschine bedingt, die durch Anbringung von Schwungmassen (Rad, Luftschraube u. dgl.) auf ein passendes Maß (das je nach der besonderen Verwendung der Maschine verschieden sein wird) heruntergedrückt werden kann. Durch Erhöhung der Zylinderzahl wird der Grad der Ungleichförmigkeit von selbst vermindert.

73. Gleichmäßig beschleunigte Drehbewegung. Trägheitsmoment. Wie bei der geradlinigen Bewegung die ununterbrochene Einwirkung einer Kraft P eine fortgesetzte Zunahme der Geschwindigkeit zur Folge hat, so bedeutet im Falle der Drehbewegung das Vorhandensein eines Momentes um die Drehachse, wenn es dauernd wirkt, eine fortgesetzte Zunahme der Winkelgeschwindigkeit, also das Auftreten einer Winkelbeschleunigung. Darunter versteht man den Betrag der Zunahme an Winkelgeschwindigkeit in 1 sek (in dem betrachteten Augenblick).

Um auf das Grundgesetz für die drehende Bewegung zu kommen, betrachten wir bei der Drehbewegung mit veränderlicher Geschwindigkeit um die Achse A die Bewegung eines Punktes B in der Entfernung r von der Drehachse. Seine Geschwindigkeit sei v, die Beschleunigung in der Richtung der Tangente b_t, d. i. die sog. Tangentialbeschleunigung.

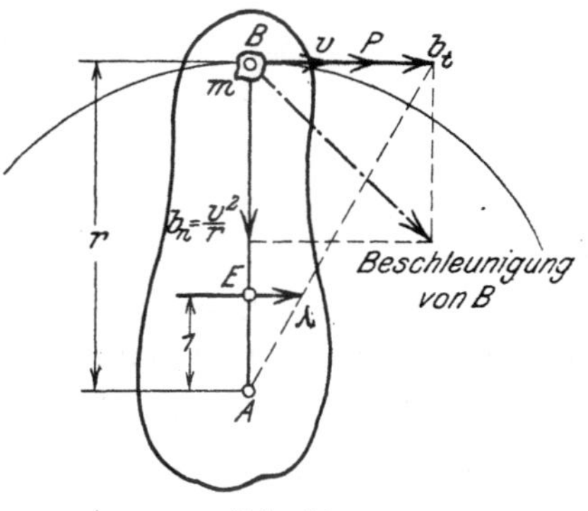

Abb. 94.

Als Winkelbeschleunigung λ bezeichnet man dann die Beschleunigung eines Punktes E in der Einheit der Entfernung von der Drehachse ($\overline{AE} = 1$ m, Abb. 94).

$$\lambda = \frac{b_t}{r}, \qquad b_t = r \cdot \lambda \quad . \quad . \quad . \quad . \quad (102)$$

Die Tangentialbeschleunigung wächst also proportional mit der Entfernung von der Achse, ganz so wie die Geschwindigkeit.

Dem Satze Kraft = Masse × Beschleunigung entspricht bei der Drehbewegung der Satz: Drehmoment $\mathfrak{M}$ der Kraft = Moment des Produktes von Masse und Beschleunigung, also für einen einzelnen Punkt:

$$\mathfrak{M} = P \cdot r = m \cdot b_t \cdot r\,;$$

für einen Körper haben wir die Produkte auf der rechten Seite für alle Teilchen des Körpers zu bilden und zu summieren, also

$$\mathfrak{M} = \Sigma m \cdot b_t \cdot r$$

und wegen Gl. (102)

$$\mathfrak{M} = \Sigma m r^2 \cdot \lambda = \lambda \cdot \Sigma m r^2 = \lambda \cdot J, \quad . \quad . \quad (103)$$

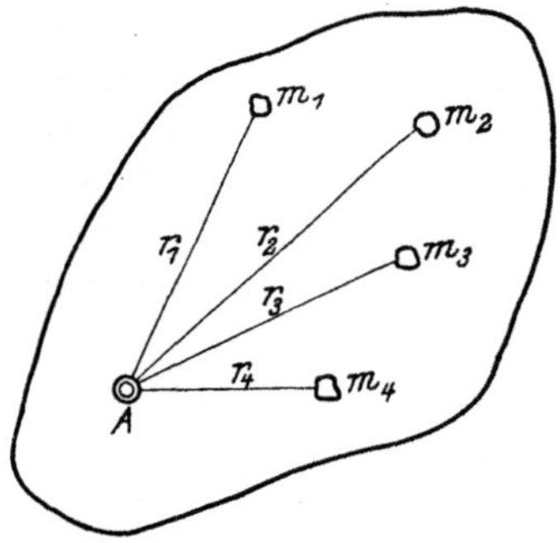

Abb. 95.

da λ eine für alle Punkte des Körpers gleichbleibende Größe ist.

Die Größe J nennt man das Trägheitsmoment des sich drehenden Körpers; es hängt ab von der Lage der einzelnen Massen gegen die Drehachse. Für einen Körper, der (Abb. 95) aus den Massen $m_1, m_2, m_3 \ldots$ in den Entfernungen $r_1, r_2, r_3 \ldots$ von der Drehachse besteht, wird das Trägheitsmoment berechnet, indem man jede Masse m mit dem Quadrat ihres Abstandes von der Achse multipliziert und die erhaltenen Produkte addiert, also

$$J = \Sigma m r^2 = m_1 r_1^2 + m_2 r_2^2 + m_3 r_3^2 + \cdots \quad (104)$$

Z. B. für einen Zylinder, dessen Masse M und dessen Halbmesser r ist, ergibt sich für das Trägheitsmoment um die Achse der Ausdruck:

$$\text{Zylinder: } J = \tfrac{1}{2} M r^2 \quad . \quad . \quad . \quad . \quad (105)$$

Zu der Gleichung

Kraft = Masse × Beschleunigung,

die für die Vorwärtsbewegung gilt, tritt also für die Drehbewegung die Gl. (103) hinzu:

Drehmoment = Trägheitsmoment × Winkelbeschleunigung.

Für die wirkliche Bewegung eines Körpers im Raume wird man so vorgehen, daß man zunächst die Vorwärtsbewegung untersucht; sie wird beschrieben sein, wenn man die Bewegung irgendeines Punktes des Körpers anzugeben weiß; als solcher ausgezeichneter Punkt bietet sich von selbst der Schwerpunkt dar. Um sodann die Drehbewegungen des Körpers zu untersuchen, wird man die Gl. (103) für den Schwerpunkt anzuwenden haben.

Beispiel 45: Steuerbewegungen. Bei einem gegebenen Höhensteuerausschlag, also einem durch die Luftkräfte gegebenen Drehmoment $\mathfrak{M}$ um den Schwerpunkt, wird ein Flugzeug auf das Höhensteuer um so rascher ansprechen, d. h. λ wird um so größer sein, je kleiner J ist, also je näher die Massen des Flugzeuges (Motor, Pilot, Beobachter usw.) um den Schwerpunkt vereinigt sind; um also raschwendige Flugzeuge herzustellen, wird man auf diese Bedingung Rücksicht zu nehmen haben. Ferner wird man bei gleicher Steuerfähigkeit das Drehmoment (also die Größe der Steuerflächen oder deren Hebelarm) um so größer nehmen müssen, je größer das Trägheitsmoment um die betreffende Schwerpunktsachse ist.

74. Bedingungen für unveränderliche (stationäre) Bewegung. Wenn ein Körper eine geradlinige Bahn mit unveränderlicher Geschwindigkeit durchläuft, sagen wir, daß die Mittelkraft aller auf ihn einwirkenden Kräfte verschwindet oder mit anderen Worten, daß die treibende Kraft gleich dem Widerstande ist.

Ebenso wird ein Körper eine gleichförmige Drehbewegung ausführen, wenn das Moment der treibenden Kraft um die Drehachse gleich dem Moment des Widerstandes sein wird.

Beispiel 46: Die Bedingungen für horizontalen Flug mit unveränderlicher Geschwindigkeit sind:

a) Gewicht = Auftrieb,

b) Zugkraft der Luftschraube = Widerstand des Flugzeuges,

wobei angenommen ist, daß diese Kräfte alle durch einen Punkt hindurchgehen.

Die Bedingung für gleichförmige Drehbewegung der Luftschraube ist:

c) Drehmoment des Motors = Moment der Widerstandskräfte der Luftschraube.

XV. Arbeit und Leistung.

75. Arbeit. Wie der Begriff der Kraft, so ist auch der Begriff der Arbeit dem menschlichen Leben entlehnt; und wie jener in der wissenschaftlichen Mechanik zweckentsprechend verändert wird, so erfährt auch dieser eine schärfere und genauere Festlegung. So wie die „Kraft“ eines Menschen un-

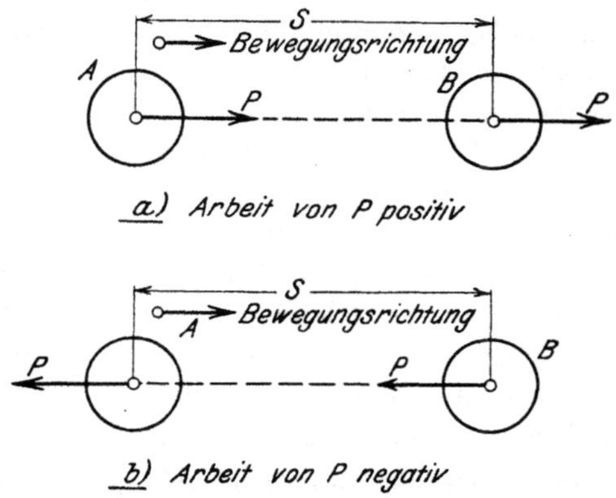

Abb. 96.

benutzt bleiben kann, so können überhaupt Kräfte vorhanden sein, ohne Arbeit zu leisten. Z. B. ist die Kraft, mit der die Erde einen auf dem Tisch liegenden Gegenstand anzieht, wohl dauernd vorhanden, sie leistet aber nichts, sie arbeitet nicht. Nur in dem Geschehen liegt der Wert. Wenn der Tisch nicht da wäre, würde die Schwerkraft den Ort des Gegenstandes ändern, indem sie ihn nach unten zieht; erst dann sagen wir, daß die Schwerkraft arbeitet. Wir sprechen also nur dann von der Arbeit einer Kraft, wenn diese den Körper, an dem sie angreift, tatsächlich verschiebt.

Wenn eine Kraft, z. B. die meines Armes, ein Gewicht von 1 kg um 1 m hebt, so arbeitet sie. Wenn sie es doppelt so hoch, oder 2 kg 1 m hoch hebt, so leistet sie offenbar doppelte Arbeit. Daraus ergibt sich ganz unmittelbar, daß wir als Arbeit einer Kraft das Produkt aus der Kraft P kg und dem Weg s m anzusetzen haben, also

$$A = P \cdot s \quad \ldots\ldots \quad (106)$$

Voraussetzung dabei ist, daß der Körper durch die Kraft P in der Wirkungslinie dieser Kraft verschoben wird und daß die Kraft dabei auch ihre Größe nicht verändert.

Wir nennen die Arbeit einer Kraft dann positiv, wenn der Pfeil der Kraft mit der Richtung (d. h. dem Sinn) der Verschiebung übereinstimmt (Abb. 96a), sonst negativ (Abb. 96b); z. B. beim Heben eines schweren Körpers ist die Arbeit des Gewichtes negativ.

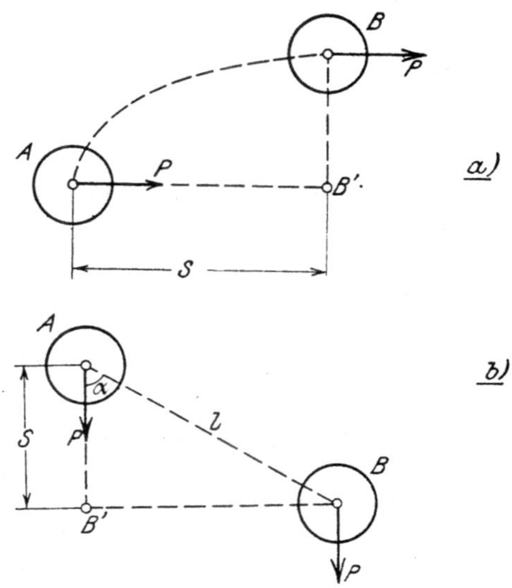

Abb. 97.

Trifft die erste Voraussetzung nicht zu, erfolgt also die Verschiebung des Körpers nicht in der Wirkungslinie der Kraft, also so, wie es z. B. Abb. 97a oder b zeigt, so wird man bei gleichbleibendem P für die Arbeit ebenfalls den Ausdruck (106) anzusetzen haben, worin aber s jetzt die Projektion AB' des Weges AB auf die Kraftrichtung bedeutet. Ist die Kraftrichtung senkrecht zur Richtung der Verschiebung, so ist natürlich die Arbeit gleich Null. So ist z. B. zum Verschieben eines Gewichtes auf reibungsfreier Unterlage keine Arbeit nötig.

Wenn (im Falle Abb. 97b) $AB = l$, $\sphericalangle BAB' = \alpha$, so können wir Gl. (106) auch schreiben:

$$A = Ps = P \cdot l \cdot \cos\alpha; \quad \ldots\ldots \quad (107)$$

die Arbeit ist also gleich dem Produkt der Kraft P, dem wirklichen Wege l und dem Kosinus des von beiden eingeschlossenen Winkels α.

76. Maßeinheit für die Arbeit. Nach Gl. (106) werden wir ganz naturgemäß jene Arbeit als Einheit wählen, die 1 kg auf 1 m Weg leistet; wir nennen sie 1 Meterkilogramm (mkg) oder Kilogrammeter (kgm). Größere Arbeiten mißt man in Metertonnen (mt) oder Tonnenmetern (tm); da 1 t = 1000 kg, so ist

$$1\,\text{tm} = 1000\,\text{kgm}.$$

Die Dimension der Arbeit ist somit:

$$[\text{Arbeit}] = [\text{A}] = [\text{kg}]\cdot[\text{m}] = [\text{kg m}].$$

Beispiel 46: Die Arbeit, die ein Gewicht $G = 1000$ kg beim freien Fall aus $s = 1000$ m Höhe leistet, ist

$$G = 1000\,\text{kg}\cdot 1000\,\text{m} = 1\,\text{Million mkg} = 1000\,\text{tm},$$

und zwar wird dieselbe Arbeit geleistet, ob nun das Gewicht frei und lotrecht oder auf einer irgendwie geneigten festen Bahn zur Erde fällt. Beim Heben wird die gleiche Arbeit verbraucht.

77. Lebendige Kraft. Es frägt sich nun, in welcher Form erscheint diese durch die Kraft P (im besonderen durch das Gewicht) geleistete Arbeit?

Um diese Frage zu beantworten, greifen wir auf den Punkt 19 zurück, wo wir für die Geschwindigkeit des gleichmäßig beschleunigten Körpers (mit der Anfangsgeschwindigkeit 0) den Ausdruck (26): $v = \sqrt{2\,b\,s}$ erhielten, welche Gl. wir so schreiben können:

$$\frac{1}{2}v^2 = b\,s;$$

wenn wir mit der Masse M des Körpers multiplizieren und beachten, daß $Mb = P$ ist, so folgt:

$$\frac{1}{2}Mv^2 = M\cdot b\cdot s = P\cdot s; \quad . \quad . \quad . \quad . \quad (108)$$

rechts steht die Arbeit der Kraft P, links ein Ausdruck, den man als lebendige Kraft oder Bewegungsenergie, auch kinetische Energie bezeichnet; in neuerer Zeit ist dafür der sehr treffende Ausdruck Wucht vorgeschlagen worden.

Die lebendige Kraft ist also von gleicher Art wie die Arbeit; man kann sich auch sogleich überzeugen, daß die Dimension beider Begriffe die gleiche ist, und zwar: [mkg].

Diese Gl. sagt nun aus, daß hier die Arbeit der Kraft P in lebendige Kraft umgesetzt wird, d. h., was an Arbeit geleistet wird, erscheint in Form von Bewegungsenergie wieder.

Umgekehrt ist jeder in Bewegung befindliche Körper zufolge der seiner Masse innewohnenden Geschwindigkeit imstande, Arbeit zu leisten; die Größe dieser Arbeit ist wieder durch (108) bestimmt.

Wenn wir die Bewegung eines Körpers betrachten, dessen Anfangsgeschwindigkeit v_0 von 0 verschieden ist, so gilt für sie die Gl. (30), die wir ebenfalls mit M, der Masse, multiplizieren und in der Form schreiben:

$$\frac{1}{2} M v^2 - \frac{1}{2} M v_0{}^2 = M \cdot b \cdot s = P \cdot s \quad . \quad . \quad (109)$$

In dieser Gl. steht rechts wieder die Arbeit von P, links die Differenz der lebendigen Kräfte zu Ende und zu Anfang der Bewegung; es ist also die Änderung der lebendigen Kraft für die zwei um den Weg s entfernten Lagen des Körpers gleich der auf diesem Wege geleisteten Arbeit.

Es ist ohne weiteres klar, daß derselbe Satz auch gilt, wenn die Kraft P nicht, wie wir hier einschränkend angenommen haben, gleichbleibend, sondern beliebig veränderlich ist. Um die Arbeit einer solchen veränderlichen Kraft zu berechnen, ist nur nötig, den ganzen Weg in kleine Stückchen zu zerlegen, die Arbeiten für alle diese Stückchen besonders zu berechnen und alle diese Arbeiten zu summieren (ähnlich wie wir es in Punkt 79 bei gekrümmtem Wege machen werden). Für die Änderung der lebendigen Kraft ist nur die Summe dieser Teilarbeiten maßgebend; wie sich diese Summe auf den ganzen Weg verteilt, ist völlig gleichgültig.

Wenn auf einen Körper dauernd eine Kraft einwirken würde, so würde seine Geschwindigkeit ununterbrochen zunehmen müssen.

Für die gleichförmige Bewegung liegt in der Praxis die Sache so, daß der betreffende Körper nicht — wie es das Trägheitsgesetz annimmt — allen äußeren Einflüssen entzogen ist, sondern der Körper ist wohl äußeren Kräften ausgesetzt die aber im Gleichgewichte sind. Auch dann nämlich ist in Gl. (109) $P = 0$ zu setzen und es folgt $v = v_0 =$ Konstante.

Beispiel 47: Die lebendige Kraft einer Gewehrkugel von 15 g Gewicht und 400 m/sek Geschwindigkeit (dem Auftreffen auf das Ziel entsprechend) ist

$$\frac{1}{2}\frac{G}{g}\cdot v^2 = \frac{1}{2}\cdot\frac{0{,}015}{9{,}81}\cdot 400^2 = 122 \text{ mkg}.$$

Beispiel 48: Beim Abflug eines Flugzeuges nimmt die Geschwindigkeit so lange zu, als die Zugkraft der Luftschraube größer ist als der gesamte „Widerstand" des Flugzeuges, der mit der Geschwindigkeit ebenfalls wächst. Für eine bestimmte Geschwindigkeit ist sodann Zugkraft = Widerstand, und wenn diese Beziehung bestehen bleibt, haben wir gleichförmige Bewegung mit der betreffenden Geschwindigkeit. Die Bedingung für wagrechten Flug ist: Auftrieb = Gewicht (bei Abwesenheit einer Geschwindigkeit in lotrechter Richtung).

Beispiel 49: Die Landungsgeschwindigkeit parallel zum Erdboden im Augenblick des Auftreffens auf die Erdoberfläche sei $v_0 = 20$ m/sek, das Gewicht $G = 800$ kg, die Reibungsziffer des Bodens $k = 0{,}06$, der mittlere Widerstand des Flugzeuges beim Auslauf sei $W = 50$ kg (natürlich ist dieser Widerstand auch von der Geschwindigkeit abhängig und in Wirklichkeit durchaus nicht gleichbleibend); auf welche Strecke s kommt das Flugzeug zum Stehen, wenn vom Einfluß des vorhandenen Auftriebes u. a. abgesehen wird?

In Gl. (109) ist für $P =$ Widerstand + Reibung und $v = 0$ einzusetzen, es folgt also, da beide der Bewegung entgegenwirken:

$$-(R + W)s = -\frac{1}{2}\frac{G}{g}\cdot v_0^2,$$

und wenn $g = 10$ m/sek² und $R = k \cdot G = 0{,}06 \cdot 800 = 48$ kg gesetzt wird:

$$s = \frac{800 \cdot 400}{2 \cdot 10(48 + 50)} = 163 \text{ m}.$$

Diese Rechnung bietet natürlich nur ein ganz ungefähres Bild der wirklich auftretenden Verhältnisse.

78. Erhaltung der Energie. Setzt man in Gl. (108) $P = G$, so erhält man wieder die Formeln für den freien Fall, jetzt in dynamischem Gewande. Ein um s m über der Erde befindlicher Körper besitzt zufolge dieser Höhenlage die Fähigkeit, Arbeit zu leisten, oder, wie man sagt, er besitzt Lagenenergie (oder „potentielle Energie"). Die Gl. (108) drückt sonach aus, daß alle Energie, die zufolge seiner Höhenlage im Körper steckt, beim Fall in Bewegungsenergie übergeführt wird.

In dieser Form spricht sich der für die gesamten Naturwissenschaften außerordentlich wichtige Satz von der Erhaltung der Energie für die einfachsten mechanischen Vorgänge aus. In folgerichtiger Erweiterung führt er — auf die gesamte Natur angewandt — zu dem Ausspruch: Die Energie des Weltalls ist konstant. Alles Geschehen ist nur eine Umwandlung der Energie; wo scheinbar Energie verloren geht, ist sie in anderer Form nachweisbar.

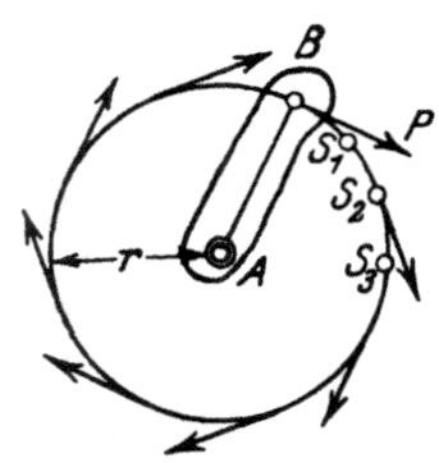

Abb. 98.

Z. B. die im Brennstoff des Flugmotors aufgespeicherte Wärmeenergie wird umgesetzt in Bewegungsenergie und Lagenenergie des Flugzeuges; die zum Heben des Flugzeuges notwendige Arbeit ist — zuzüglich aller auftretenden Verluste — durch die Motoren-Luftschrauben-Anlage aufgebracht worden.

79. Arbeit bei der Drehbewegung. Ein anderer wichtiger Fall ist der der Drehung eines Körpers um eine Achse A (Abb. 98) unter der Einwirkung einer Kraft P, die stets längs der Tangente eines Kreises um A wirkt und ihre Größe unverändert beibehält.

In diesem Falle zerlegen wir den Umfang in kleine Teilchen s_1, s_2, s_3 ..., dann können wir die Arbeit jedes Teiles für sich berechnen, da für jedes Teilchen die Kraftrichtung mit der Wegrichtung zusammenfällt. Es ist also die gesamte Arbeit:

$$A = Ps_1 + Ps_2 + Ps_3 + \ldots = P \cdot \Sigma s_i = P \cdot s, \quad . \quad . \quad (110)$$

wenn wir mit s den gesamten am Kreisumfange gemessenen Weg des Punktes B bezeichnen, längs dem wir die Wirkung von P betrachten.

Ist r der Halbmesser des Kreises, so ist die

$$\text{Arbeit bei 1 Umdrehung} = P \cdot 2 r \pi \quad . \quad . \quad (111)$$

Beispiel 50: Ein Mann arbeitet mit $P = 10$ kg am Umfange einer Winde mit $r = 40$ cm. Welche Arbeit leistet er bei $n = 500$ Umdrehungen? Da die Arbeit bei 1 Umdrehung $P \cdot 2 r \pi$ ist, so ist sie bei 500 Umdrehungen

$$P \cdot 2 r \pi \cdot n = 10 \cdot 2 \cdot 0{,}4 \cdot \pi \cdot 500 = 12\,566 \text{ mkg} = 12{,}566 \text{ mt}.$$

80. Lebendige Kraft bei der Drehbewegung. Die lebendige Kraft T eines sich drehenden Körpers erhält man, wenn man die lebendigen Kräfte $\frac{1}{2} m v^2$ aller Teile addiert, und da $v = r\omega$, so folgt:

$$T = \frac{1}{2} \Sigma m v^2 = \frac{1}{2} \omega^2 \cdot \Sigma m r^2 = \frac{1}{2} J \cdot \omega^2, \quad . \quad . \quad (112)$$

wobei wie in Punkt 73 J das Trägheitsmoment des Körpers in bezug auf die Drehachse bedeutet. Die lebendige Kraft eines sich drehenden Körpers ist also durch das halbe Produkt aus Trägheitsmoment und Quadrat der Winkelgeschwindigkeit gegeben.

Für gleichmäßig beschleunigte Drehbewegung gilt für jeden Punkt:

$$\frac{1}{2} m v^2 - \frac{1}{2} m v_0^2 = m b_t \cdot s, \qquad m b_t = P,$$

also für den ganzen Körper:

$$\frac{1}{2} \Sigma m v^2 - \frac{1}{2} \Sigma m v_0^2 = P \cdot s,$$

wenn P die in Richtung der Tangente wirkende Umfangskraft bedeutet; oder wenn $v = r\omega$, $v_0 = r \cdot \omega_0$:

$$\frac{1}{2} J \cdot \omega^2 - \frac{1}{2} J \omega_0^2 = P \cdot s, \quad . \quad . \quad . \quad . \quad (113)$$

d. h. die Änderung der lebendigen Kraft des drehenden

Körpers ist gleich der von der Umfangskraft auf dem entsprehenden Wege geleisteten Arbeit.

Dieses Ergebnis entspricht der Gl. (109) für die geradlinige Bewegung.

Beispiel 51: Beim Anlaufe eines Flugmotors mit Luftschraube nimmt die Winkelgeschwindigkeit ω (damit auch die Drehzahl!) so lange zu, als das Motordrehmoment im Überschusse ist; dieser Überschuß wird in Form von lebendiger Kraft der Luftschraube aufgespeichert; von dem Augenblicke angefangen, in dem das Drehmoment gleich dem Moment der Widerstandskräfte der Luftkräfte auf die Luftschraube geworden ist, haben wir gleichförmige Drehung mit der betreffenden Geschwindigkeit.

81. Leistung, Einheit hierfür. Bei unseren bisherigen Betrachtungen haben wir bei Berechnung der Arbeit von der Zeit, in der diese verrichtet wurde, ganz absehen können. Für die Bewertung irgendeiner Maschine ist es jedoch nicht nur wichtig, zu wissen, welche Arbeit sie überhaupt zu leisten imstande ist, sondern in unserem ganzen Erwerbsleben wird eine bestimmte Arbeit um so höher geschätzt, je kürzere Zeit für sie verwendet wurde, d. h. je größer die Arbeit in der Zeiteinheit, also in 1 sek ist; diese Arbeit in 1 sek bezeichnen wir als Leistung L.

Wenn die Arbeit A mkg in t sek geleistet wird, so folgt, da also die

$$\text{Leistung } L = \text{Arbeit in 1 sek} = \frac{\text{Arbeit}}{\text{Zeit}} = \frac{A}{t}$$

und da der

$$\text{Weg in 1 sek} = \text{Geschwindigkeit } v$$

ist, so folgt:

$$L = \frac{A}{t} = \frac{P \cdot s}{t} = P \cdot v, \quad . \quad . \quad . \quad . \quad . \quad (114)$$

d. h. es ist Leistung = Kraft $\times$ Geschwindigkeit.

Als Einheit der Leistung werden wir offenbar jene anzusprechen haben, bei der 1 kgm in 1 sek geleistet, oder 1 kg in 1 sek um 1 m gehoben wird; diese Einheit nennen wir 1 Sekundenkilogrammeter (kgm/sek). Die Dimension der Leistung ist also:

$$[L] = \left[\frac{\text{kg} \cdot \text{m}}{\text{sek}}\right].$$

Für technische Rechnungen ist diese Einheit etwas zu klein, man verwendet das 75fache davon und nennt dieses eine Pferdestärke (PS), also

$$1 \text{ PS} = 75 \text{ kgm/sek} \quad . \quad . \quad . \quad . \quad (115)$$

82. Wirkungsgrad. Die in einer Maschine auftretenden Verluste werden gewöhnlich in ihrer Gesamtheit durch Angabe des Verhältnisses zwischen zugeführter und abgegebener Leistung in Rechnung gestellt; dieses Verhältnis nennt man Wirkungsgrad η. Die Angabe $\eta = 0{,}8$ bedeutet also z. B., daß von je 100 kgm/sek zugeführter Leistung 80 kgm/sek abgegeben werden; der Rest ist durch die Widerstände (Reibung, Luftwiderstand usw.) verloren gegangen.

Beispiel 52: Ein Kran soll 20 t in 3 min $= 3 \cdot 60$ sek auf 6 m Höhe heben; wie groß ist (ohne Rücksicht auf den An- und Auslauf) die Leistung des Antriebsmotors, wenn der Wirkungsgrad $\eta = 0{,}75$ beträgt?

Die Arbeit ist: $\quad 20000 \cdot 6 = 120000$ kgm,

daher die Leistung: $L = \frac{120000}{3 \cdot 60} = 667 \text{ kgm/sek} = \frac{667}{75} = 8{,}9 \text{ PS}$,

und die Leistung des Antriebsmotors ergibt sich zu:

$$\frac{8{,}9}{0{,}75} = 11{,}9 \text{ PS}.$$

83. Leistung bei der Drehbewegung. Die Leistung eines Motors wird angegeben durch das Produkt aus dem Drehmoment und der Winkelgeschwindigkeit.

Wir kommen hierzu auf folgende Weise. In Punkt 79 haben wir die Arbeit bei 1 Umdrehung berechnet, sie betrug: $P \cdot 2 r \pi$. Wenn der Körper nicht eine, sondern n Umdrehungen macht, so ist die Arbeit n mal so groß; und wenn diese n Umdrehungen in 1 min ausgeführt werden, so ist die Leistung, d. i. die Arbeit in 1 sek, offenbar:

$$L = P \cdot \frac{2 r \pi \cdot n}{60} = P \cdot v = P \cdot r \cdot \frac{\pi n}{30},$$

und da $P \cdot r = \mathfrak{M}$ das Drehmoment, $\frac{\pi n}{30} = \omega$ die Winkelgeschwindigkeit bedeutet, so ist

$$L = \mathfrak{M} \cdot \omega \text{ kgm/sek}.$$

Wollen wir die Leistung in PS ausdrücken, so müssen wir L durch 75 dividieren, die Leistung in PS wollen wir dann mit N bezeichnen; ferner ist es praktisch, nicht mit der Winkelgeschwindigkeit ω, sondern mit der Drehzahl n zu rechnen, so daß wir erhalten:

$$N(\text{PS}) = \frac{L}{75} = \frac{\pi}{30 \cdot 75} \cdot \mathfrak{M} \cdot n = 0{,}0014 \cdot \mathfrak{M} \cdot n; \quad . \quad . \quad (116)$$

umgekehrt ergibt sich aus der Leistung N (PS) und der Drehzahl n das Drehmoment durch

$$\mathfrak{M} = 716 \cdot \frac{N}{n} \quad . \quad . \quad . \quad . \quad . \quad . \quad . \quad . \quad (117)$$

Beispiel 53: Für $N = 160$ PS und $n = 1400$ ergibt sich für das Drehmoment nach Gl. (117):

$$\mathfrak{M} = 716 \cdot \frac{160}{1400} = 81{,}8 \text{ kgm}.$$

84. Berechnung der indizierten Leistung eines Viertaktmotors. Wir verwenden folgende Bezeichnungen:

d = Zylinderdurchmesser in cm,
s = Hub in m,
z = Anzahl der Zylinder,
n = Drehzahl in 1 min,
p_m = Mitteldruck in kg/cm^2.

Unter dem Mitteldruck p_m versteht man jene auf 1 cm^2 Kolbenfläche wirkende (gedachte) Kraft, die während des ganzen Arbeitsvorganges in unveränderlicher Stärke wirkend dieselbe Leistung ergibt, wie die wirklichen, veränderlichen Gasdrücke. Meist läßt sich für eine bekannte Motorbauart von vornherein für p_m eine bestimmte Angabe machen; p_m läßt sich durch Planimetrieren des Indikatordiagramms für den fertigen Motor genau ermitteln; für neu zu entwerfende Motoren benutzt man dann die auf diese Weise erhaltenen Erfahrungswerte.

Zur Berechnung der Leistung müssen wir die mittlere

Kolbenkraft mit der mittleren Kolbengeschwindigkeit multiplizieren. Nun ist die

$$\text{Kolbenkraft } P = p_m \cdot \frac{d^2 \pi}{4} \text{ kg},$$

$$\text{Kolbengeschwindigkeit [Gl. (22)] } v = \frac{s n}{30}.$$

Wenn wir P mit v und mit der Zylinderzahl z multiplizieren und bedenken, daß beim Viertaktmotor in 2 Umdrehungen nur 1 Arbeitstakt erfolgt (p_m ist dementsprechend ermittelt worden!), so müssen wir den Faktor $\frac{1}{4}$ beifügen, also wird die Leistung

$$L = \frac{1}{4} \cdot p_m \cdot \frac{d^2 \pi}{4} \cdot \frac{s n}{30} \cdot z \text{ kgm/sek},$$

oder in PS

$$N = \frac{L}{75} = \frac{d^2 \pi}{4} \cdot s \cdot \frac{p_m \cdot n}{9000} \cdot z \text{ PS} \quad . \quad . \quad . \quad (118)$$

Ein Teil dieser Leistung geht infolge der Eigenwiderstände des Motors verloren; das Verhältnis von abgegebener zu zugeführter Leistung nennt man den (mechanischen) Wirkungsgrad; er beträgt bei gut ausgeführten Motoren 0,92 bis 0,95.

Beispiel 54: Man berechne die indizierte Leistung eines 6-Zylinder-Motors aus folgenden Angaben:

$$d = 14 \text{ cm},$$
$$s = 0{,}18 \text{ m},$$
$$z = 6,$$
$$n = 1400 \text{ in 1 min},$$
$$p_m = 7 \text{ kg/cm}^2.$$

Aus Gl. (118) folgt:

$$N = \frac{196 \cdot \pi}{4} \cdot 0{,}18 \cdot \frac{7 \cdot 1400}{9000} \cdot 6 = 181 \text{ PS}.$$

Die an die Luftschraube abgegebene Leistung würde also bei $\eta = 0{,}92$ betragen:

$$\eta N = 0{,}92 \cdot 181 = 166{,}5 \text{ PS}.$$

85. Abbremsen der Motoren. Um die Leistung eines fertigen Motors zu messen, verwendet man sog. Dynamometer, von denen das einfachste und bekannteste der Pronysche Zaum ist (Abb. 99).

Mit diesem wird das Drehmoment des Motors direkt abgewogen; auf die Motorwelle wird eine Bremsscheibe aufgesetzt,

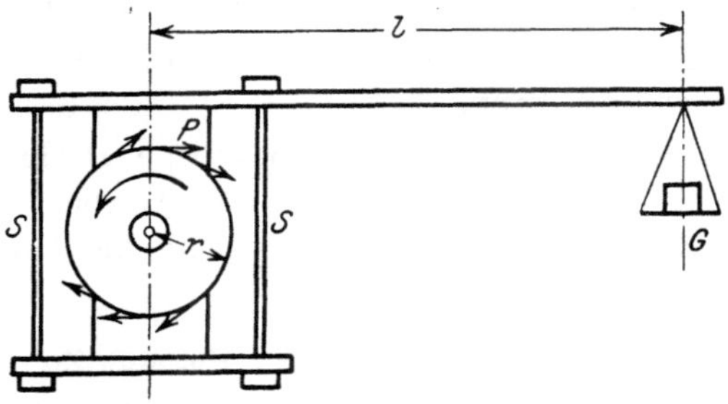

Abb. 99.

auf diese wirken die Bremsklötze einer Backenbremse, die durch Anziehen oder Nachlassen der Schrauben S passend eingestellt werden können. Das Drehmoment ist durch das Produkt aus dem aufgelegten Gewicht G, das für Gleichgewicht der Bremse auf der Wagschale anzubringen ist, und dem Abstand l der Wagschale von der Wellenmitte gegeben:

$$\mathfrak{M} = G \cdot l;$$

denn dieses ist gleich dem durch Reibung von der Bremsscheibe auf die Bremse übertragenen Drehmoment. (Die Bremsvorrichtung selbst wird für sich ausgeglichen.)

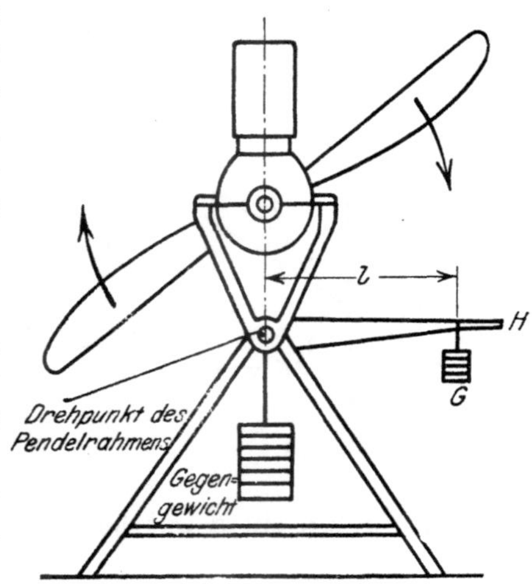

Abb. 100.

Die Drehzahl n wird auf einem Drehzeiger abgelesen; die gesuchte Motorleistung ist dann nach Gl. (116):

$$N(\mathrm{PS}) = 0{,}0014 \cdot G \cdot l \cdot n \quad . \quad . \quad . \quad . \quad (119)$$

Noch einfacher ist es, das Drehmoment dadurch zu messen, daß das Gehäuse des Motors in einem Pendelrahmen befestigt wird, der um eine wagrechte Achse drehbar aufgehängt wird, Abb. 100. Das Gewicht des Motors samt Luftschraube wird — bei ruhendem Motor — durch ein Gegengewicht ausgeglichen, so daß sich der ganze pendelnde Teil im indifferenten Gleichgewichte befindet. (Punkt 53.) An dem Pendel ist ein Hebel H starr befestigt, längs welchem ein Laufgewicht G verschoben werden kann.

Das auf die Luftschraube abgegebene Drehmoment wird auch hier durch das Produkt aus dem Gewicht G und dem Abstand l von der Drehachse angegeben; die Leistung somit ebenfalls durch Gl. (119).

86. Bewegung auf der schiefen Ebene. Zu den praktisch wichtigsten Fällen gehört auch die Bewegung eines Körpers auf der schiefen Ebene.

a) Gleichförmige Bewegung. Wenn ein Körper vom Gewichte G längs der schiefen Ebene mit gleichbleibender Geschwindigkeit nach aufwärts bewegt werden soll, so brauchen wir hierzu eine Kraft Z von der Größe (von der Reibung wird dabei abgesehen)

$$Z = G \cdot \sin \alpha .$$

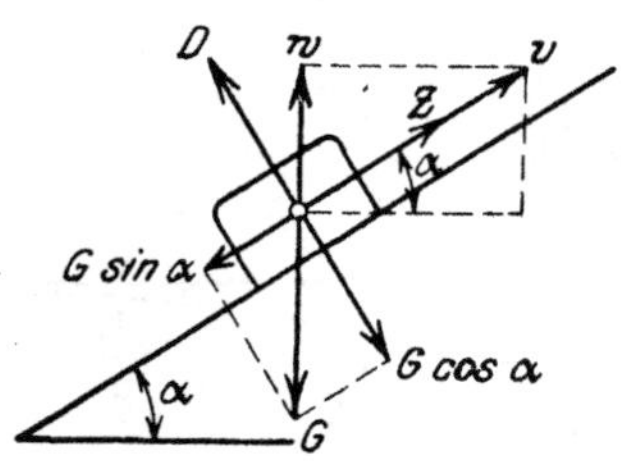

Abb. 101.

Bezeichnen wir die Eigengeschwindigkeit des Körpers in Richtung der schiefen Ebene mit v und die lotrechte Teilgeschwindigkeit mit w, so ist (Abb. 101)

$$v \cdot \sin \alpha = w .$$

Multiplizieren wir die beiden Gleichungen miteinander, so folgt, wenn wir durch $\sin \alpha$ auf beiden Seiten kürzen:

$$Z \cdot v = G \cdot w , \quad \ldots \ldots \quad (120)$$

d. h. die Leistung der Zugkraft Z ist gleich der Leistung des Gewichtes; diese Gleichung dient z. B. dazu, die Steiggeschwindigkeit w eines Flugzeuges zu ermitteln.

Die Neigung der Bahn ist gegeben durch

$$\sin\alpha = \frac{Z}{G} = \frac{w}{v} \quad . \; . \; . \; . \; . \quad (121)$$

Beispiel 55: Sei für die Eigengeschwindigkeit von $v = 25$ m/sek der vorhandene Überschuß an Zugkraft für ein Flugzeug mit $G = 600$ kg Gewicht: $Z = 100$ kg; dann folgt die Steiggeschwindigkeit nach Gl. (120):

$$w = \frac{Z}{G} \cdot v = \frac{100}{600} \cdot 25 = 4{,}167 \text{ m/sek}$$

und die Steigzeit auf 1000 m:

$$\frac{1000}{4{,}167} = 240 \text{ sek} = 4 \text{ min};$$

die Neigung der Flugbahn ist gegeben durch

$$\sin\alpha = \frac{1}{6} = 0{,}167, \qquad \alpha = 9^0\,30'.$$

b) Gleichmäßig beschleunigte Bewegung (Fall) auf der schiefen Ebene. Ein auf einer glatten schiefen Ebene befindlicher schwerer Körper erhält in Richtung der schiefen

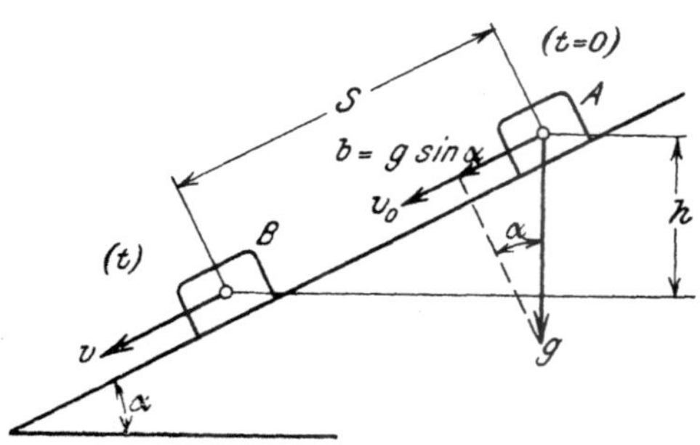

Abb. 102.

Ebene die Beschleunigung $g \cdot \sin\alpha$, die an allen Punkten die gleiche bleibt. Seine Bewegung ist daher gleichmäßig beschleunigt; es gelten für sie die in Punkt 19 bzw. 20 gegebenen

Gleichungen, wobei $b = g \sin \alpha$ zu setzen ist. Also folgt (Abb. 102) z. B. für Anfangsgeschwindigkeit v_0

$$\left.\begin{aligned} v &= v_0 + g \sin \alpha \cdot t^2 \\ s &= v_0 t + \frac{1}{2} g \sin \alpha \cdot t^2 \\ v^2 - v_0{}^2 &= 2\, g \sin \alpha \cdot s = 2\, g h . \end{aligned}\right\} \quad . \quad . \quad . \quad (122)$$

Die Geschwindigkeit v, mit der der Körper in B ankommt, ist also gerade so groß, als ob er durch die Höhe $h = s \cdot \sin \alpha$ lotrecht frei herabgefallen wäre.

Schlagwortverzeichnis.

Batch number: 10682411

Printed by Printforce, the Netherlands